Maike Röder-Thiede

Chinchillas

als Heimtiere

richtig pflegen und verstehen

Experten-Rat für die artgerechte Haltung

Farbfotos: Karin Skogstad, Monika Wegler
Zeichnungen: György Jankovics

GU GRÄFE UND UNZER

Inhalt

Vorhergehende Doppelseite: Täglich ein Apfel oder ein Karottenstückchen gehören zu den gesunden Leckerbissen für Chinchillas.

Zeichnung unten: Einträchtig nagen die beiden Chinchillas an einer Apfelhälfte.

Vorwort

Chinchillas mit ihrem seidenweichen Fell und den großen ausdrucksvollen Augen sind in den letzten Jahren als Heimtiere immer beliebter geworden. Doch Freude an diesen sensiblen Nagern wird man nur haben, wenn man ihnen die richtigen Lebensbedingungen schafft. Dazu gehört, daß man sie tagsüber weitgehend in Ruhe läßt, weil sie nachtaktiv sind. Worauf es bei der artgerechten Haltung von Chinchillas ankommt, erfahren Sie in diesem aktualisierten, verbesserten und neu illustrierten GU Tier-Ratgeber. GU Chinchilla-Expertin Maike Röder-Thiede erklärt Ihnen, wie Sie die natürlichen Verhaltensweisen des bewegungs- und springfreudigen Tieres durch geeignete Unterbringung erhalten können. Sie lernen, wie man Chinchillas schrittweise zutraulich macht. Sie erhalten ausführliche Anleitungen zur richtigen Pflege, Ernährung und was zu tun ist, wenn das Chinchilla einmal krank wird. Wer Chinchillas als Heimtiere züchten will, bekommt die notwendigen Informationen über die richtige Zusammenstellung eines Pärchens, über Geburt und Entwicklung der Jungtiere. Kompetenter Rat, leicht verständliche Anleitungen – auch für Anfänger in der Chinchillahaltung – wunderschöne Farbfotos und informative Zeichnungen machen dieses Buch zu einem unentbehrlichen Ratgeber für alle Chinchillahalter.
Viel Freude mit Ihrem Chinchilla wünschen Ihnen die Autorin und die GU Naturbuch-Redaktion.

Chinchillas sind ideale Heimtiere für Berufstätige, denn die niedlichen Nager brauchen tagsüber Ruhe. Erst am Abend werden Chinchillas munter und erfreuen ihren Halter mit ihrem possierlichen Verhalten.

Beachten Sie bitte die »Wichtigen Hinweise« auf Seite 63.

Ratschläge für die Anschaffung

Ein Chinchilla kann durchaus einzeln gehalten werden, vorausgesetzt, Sie beschäftigen sich täglich am Abend etwa eine Stunde mit Ihrem Tier. Bei artgerechter Haltung und Pflege wird das neugierige Chinchilla schnell zutraulich.

Wenn man ein Chinchilla zum ersten Mal sieht, dann gefällt es einem wegen seines putzigen und niedlichen Aussehens sofort. Die Rundungen von Kopf und Körper und seine großen Knopfaugen wecken mütterliche, beschützende Gefühle – einen menschlichen Instinkt, der durch das von Konrad Lorenz entdeckte »Kindchen-Schema« ausgelöst wird. Heute werden Chinchillas immer häufiger als Heimtiere im Zoofachhandel angeboten. Das niedliche Aussehen des Chinchillas und sein weiches Fell, das es auch als Pelztier so begehrt macht, mögen bei Ihnen den Wunsch wecken, solch ein Tier zu besitzen. Das ist nur allzu verständlich. Doch paßt ein Chinchilla überhaupt zu Ihnen? Wird es sich bei Ihnen wohlfühlen und kann es das als Heimtier halten, was Sie sich von ihm versprechen? Hier einige Punkte, die Sie vor seiner Anschaffung überlegen sollten.

Zehn Entscheidungshilfen

1. Ein Chinchilla kann bei artgerechter Haltung 18 bis 22 Jahre alt werden. Das Durchschnittsalter liegt bei 10 bis 15 Jahren. Sind Sie bereit, so lange für das Tier zu sorgen?
2. Chinchillas sind in der Anschaffung und in der Haltung recht teuer. So benötigen sie zum Beispiel einen großen Käfig (→ Seite 15).
3. Chinchillas sind dämmerungs- und nachtaktiv. Während des Tages müssen sie abgeschirmt von Lärm und den Aktivitäten eines normalen Familienlebens gehalten werden.
4. Denken Sie daran, daß die Geräusche, die das Chinchilla in der Nacht beim Rascheln, Knabbern und Nagen verursacht, Sie stören könnten.
5. Ein Chinchilla ist nicht »lernfähig« wie ein Hund, den man erziehen kann.
6. Auch berufstätige Alleinstehende oder Ehepaare können ein Chinchilla halten. Tagsüber ist das Tier ungestört, und wenn Sie abends nach Hause kommen, dann wird es gerade munter.
7. Chinchillas werden nicht so zahm und zutraulich wie etwa ein Meerschweinchen. Sie besitzen einen ausgeprägten Willen, der von seinem Besitzer respektiert werden muß.
8. Das Chinchilla ist kein Streicheltier. Für kleinere Kinder ist es deshalb als Heimtier ungeeignet. Erst Kinder ab etwa 13 Jahren sind in der Lage, dem Chinchilla gegenüber das nötige Verständnis aufzubringen (→ Seite 7).
9. Sie sollten auf andere Heimtiere wie etwa Hund, Katze, Vögel oder Nager verzichten, wenn Sie ein Chinchilla pflegen möchten (→ Seite 7).
10. Bitte klären Sie vor dem Kauf ab, ob niemand in der Familie allergisch gegen Tierhaare ist (→ Wichtige Hinweise, Seite 63).

Seltene Farbmutationen, von der Autorin gezüchtet. Links das hellbeige Weibchen »Emily« mit dunklen Augen, 9 Monate alt. Rechts das Silberschecken-Böckchen »Idefix« mit schöner Blesse, 7 Monate alt.

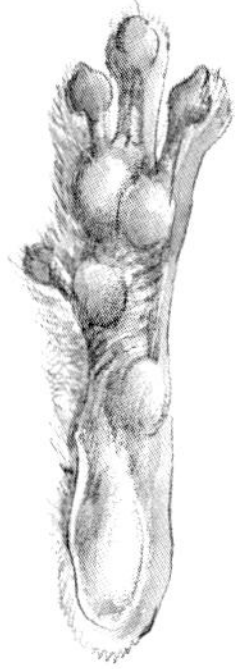

Die Ballen an den Fußsohlen des Chinchillas wirken wie Gummisohlen an Schuhen. Sie bremsen den Sprung ab und geben sicheren Halt.

Wie die Chinchillas nach Europa kamen

Die Heimat der Chinchillas ist Südamerika. Nachdem die spanischen Conquistadoren im 16. Jahrhundert Südamerika erobert hatten, wurde das Fell der Chinchillas in Europa bekannt. Die Duftigkeit und Dichte eines Chinchillafelles wird von keinem anderen Fell übertroffen. Vor allem im 18. und 19. Jahrhundert waren Pelze von Chinchillas sehr begehrt. Man braucht allerdings über 100 Felle, um einen Chinchillamantel herzustellen. Nur wenige Reiche konnten sich solch einen Pelzmantel leisten. Dementsprechend lukrativ war die Jagd auf Chinchillas in Südamerika.

Die ersten Züchtungsversuche

Die intensive Bejagung hat zur Ausrottung der Chinchillas in den meisten ihrer Ursprungsgebiete geführt. Deshalb unternahm man im 18. und 19. Jahrhundert sowohl in Südamerika wie in Europa erste Versuche, Chinchillas im Käfig zu züchten. Allerdings ohne großen Erfolg. Züchtungsversuche gelangen erst im 20. Jahrhundert.
Ein amerikanischer Bergbauingenieur begründete 1923 in Kalifornien mit rund einem Dutzend Chinchillas aus Chile eine erfolgreiche Zucht. Mit großen Anfangsschwierigkeiten und bitteren Rückschlägen wurde in den nächsten drei Jahrzehnten die sogenannte Farmzucht von Chinchillas in den USA und Kanada aufgebaut. In Deutschland begann man mit der Chinchilla-Zucht nach dem Zweiten Weltkrieg.
Heute werden wahrscheinlich Millionen von Chinchilllas in Pelztierfarmen auf der ganzen Welt gezüchtet.
Zuerst wußten die Pelztierzüchter so gut wie nichts über die Lebensbedingungen und Ernährungsgewohnheiten der Chinchillas. Durch langes Herumexperimentieren entwickelten sie Fütterungs- und Haltungsbedingungen, unter denen die Tiere gesund blieben, lange lebten und sich rasch vermehrten. Von Lärm und Streß werden sie ferngehalten. So abgeschirmt in der Zuchtanlage, bleiben sie wie Wildtiere sich selbst überlassen. In der Regel haben sie keinen oder selten Kontakt zu Menschen und leben halbzahm in ihren Käfigen. Für Pelztierzüchter ist das Fell eines Tieres wichtig, andere Eigenschaften interessieren sie weniger.

Chinchillas als Heimtiere

Als Heimtier ist das Chinchilla erst in letzter Zeit beliebt geworden. Die Mehrzahl aller in Menschenobhut gehaltener Chinchillas lebt auch heute noch in Pelztierfarmen. Eine Auslese unter den Tieren im Hinblick auf Belastbarkeit oder auch auf die Anpassungsfähigkeit an das Zusammenleben mit Menschen findet auf den Zuchtfarmen nicht statt. So haben wir die ungewöhnliche Situation, daß aus einem als Nutztier gehaltenen Wildtier bisher noch kein Haustier geworden ist. Diesen Zustand bezeichnet man als Halbdomestikation (Domestikation = Haustierwerdung).

Chinchillas und ihre Verwandten

Die Chinchillas, auch Hasenmäuse genannt, gehören zu den Nagetieren. Nahe Verwandte sind die Meerschweinchen, die Agutis und die Wasserschweine.
Das Chinchilla, das als Pelztier und nun auch als Heimtier im Zoofachhandel angeboten wird, gehört zur Gattung der Klein-Chinchillas und ist ein Mischtyp aus Kurzschwanz-Chinchilla (*Chinchilla chinchilla boliviana*, auch *Chinchilla brevicaudata genannt*; → Zeichnung, Seite 7) und Langschwanz-Chinchilla (*Chinchilla lanigera*; → Zeichnung, Seite 7). Im Aussehen überwiegt dabei gegenüber dem sehr selten als Zuchttier importierten gedrungenen

Kurzschwanz-Chinchilla das im Körperbau gestrecktere und recht großohrige Langschwanz-Chinchilla.
Für den zoologisch interessierten Leser nachfolgend eine kurze Übersicht über die Systematik der Chinchillas: Die Gattung Chinchilla im engeren Sinne *(Chinchilla)* wird in 2 Arten mit zusammen 3 Unterarten eingeteilt.
Erste Art: Kurzschwanz-Chinchilla *(Chinchilla chinchilla)*.
Unterarten: Königs-Chinchilla *(Chinchilla chinchilla chinchilla)*. Diese Tiere sind wahrscheinlich seit Jahrzehnten völlig ausgestorben. Das einzige ausgestopfte Exemplar ist im Senckenberg-Museum in Frankfurt am Main zu sehen.
Kleines Kurzschwanz-Chinchilla *(Chinchilla chinchilla boliviana)*. In Menschenobhut wird diese Unterart heute sehr selten gehalten; die freilebenden Tiere sind weitgehend ausgerottet.
Zweite Art: Langschwanz-Chinchilla oder kleines Chinchilla *(Chinchilla lanigera)*. Diese Art wird in Menschenobhut häufig gehalten, die freilebenden Tiere sind weitgehend ausgerottet.
Von einigen Zoologen wird die Unterart Langschwanz-Chinchilla noch in drei Typen unterteilt. Sie gehen dabei von unterschiedlichen Herkunftsgebieten oder Wuchsformen aus. Danach unterscheidet man zwischen dem La-Plata-Typ, dem Costina-Typ und dem Raton-Typ (Zwergchinchilla).

Kinder und Chinchillas

So sehr Chinchillas wegen ihres kuschelweichen Fells wie Streicheltiere wirken, so wenig sind sie als Kuscheltier für kleinere Kinder geeignet. Kinder müssen schon älter sein, um Freude an der Beobachtung und an der Beschäftigung mit dem possierlichen Chinchilla zu entwickeln. Im Alter von etwa 13 Jahren müßten Kinder in der Lage sein, verantwortungsbewußt mit einem Chinchilla umzugehen. Sie müssen zum Beispiel wissen, daß man nicht für das Tier ungesunde Mengen von Leckerbissen verfüttern darf. Dann sind sie auch alt genug, um Verständnis dafür aufzubringen, daß ein Chinchilla bis in die frühen Abendstunden hinein seine Ruhe braucht. Die erwachsenen Familienmitglieder müssen in jedem Fall bereit sein, lenkend einzugreifen und bei der Versorgung des Chinchillas mitzuhelfen. Vor allem dann, wenn Kinder das Interesse an dem Tier verlieren und es vernachlässigen. Im Grunde ist das Chinchilla eher ein Heimtier für Erwachsene.

Chinchillas und andere Heimtiere

Grundsätzlich möchte ich von einer Haltung zusammen mit anderen Heimtieren abraten. Chinchillas in einem Raum oder gar in einem Käfig gemeinsam mit anderen Heimtieren zu halten, ist schwierig. Probleme, die sich ergeben könnten, sind: Streß, Verletzungen und

Das Kurzschwanz-Chinchilla (oben) wurde sehr selten importiert und eingekreuzt. Der Hauptvorfahre unserer Heimtiere ist das Langschwanz-Chinchilla (unten).

Möchten Sie zwei Chinchillas halten, brauchen die Tiere unbedingt einen geräumigen Käfig. In zu engen Käfigen ohne Ausweichmöglichkeit gehen sich die Chinchillas so auf die Nerven, daß häufig Verhaltensstörungen auftreten.

»Tauziehen« um den Apfel-Leckerbissen.

Verdauungsstörungen. In einzelnen Fällen können sich die Tiere vertragen. (Tiere, die sich nicht vertragen, unbedingt trennen!) Vor allem müssen Sie sicherstellen, daß keines Ihrer anderen Heimtiere die Tagesruhe des Chinchillas stört.
Mit Vögeln, die tagsüber lärmen, können Sie Ihr Chinchilla nicht in einem Raum halten. Das Chinchilla gerät außerdem in Panik, wenn sich Vögel auf seinen Käfig setzen (→ Schutzbretter, Seite 16).
Ein Hund, der dauernd bellt und um den Käfig herumwuselt, geht dem Chinchilla auf die Nerven. Sie müssen selbst wissen, ob Sie das Verhalten Ihres Hundes gegenüber einem Chinchilla beeinflussen und lenken können. Es wird dem Chinchilla zum Beispiel sicher nicht gefallen, wenn der Hund beim Spielen seine Pfoten auf das Chinchilla legt oder es gar anbellt. An einen ruhigen und wohlerzogenen Hund aber mag sich ein Chinchilla sogar beim Auslauf im Zimmer gewöhnen.
Mit einer Katze ist es ähnlich. Für ein wildes Spiel ist ein Chinchilla wirklich nicht robust genug. Vorsicht, wenn die Katze spielerisch »pfötelt« und dabei ein wenig die Krallen ausgefahren hat! Dann sind die großen Augen des Chinchillas gefährdet.
Nagetiere zusammen mit einem Chinchilla in einem Käfig gehalten, das schafft zwei grundsätzliche Probleme: die unterschiedliche Tag- und Nachtaktivität der einzelnen Tiere und die unterschiedliche Fütterung. Ein sehr aktives oder lautes Tier stört das Chinchilla. Bei der Fütterung macht man die Erfahrung, daß alles andere Futter dem vernaschten Chinchilla besser schmeckt als das ihm zugedachte ballaststoffreiche Futter.

Der Sieger rast mit seinem Schatz davon. Der Verlierer nimmt die Verfolgung auf.

Eine gemeinsame Haltung mit Mäusen, Ratten oder Gerbilen (Rennmäusen) halte ich für außerordentlich unzuträglich für ein Chinchilla. Mit ihrer Tag- und Nachtaktivität und ihrem ständigen Herumflitzen machen sie ein Chinchilla schlichtweg verrückt. Der Goldhamster als Einzelgänger entfällt für eine Haltung zusammen mit einem Chinchilla grundsätzlich.

Einem Meerschweinchen gegenüber verhält sich ein Chinchilla oft arglos. Das Chinchilla akzeptiert dieses fremde Tier sofort als Hausgenossen im gemeinsamen Käfig. Das kommt daher, weil Chinchillas in ihrem natürlichen Lebensraum friedlich mit anderen Nagetieren – wie der Chinchillaratte – in gemeinsamen Höhlen und Felsspalten wohnen. Ein Meerschweinchen wird dem Chinchilla im oberen Bereich des notwendigerweise sehr hohen Käfigs (mindestens 1 m) keine Konkurrenz auf den Kletterästen, Sitzbrettern und im Schlafhaus machen.

Aber das große Problem ist die Fütterung: Das Chinchilla frißt gerne von dem Futter für das Meerschweinchen und davon bekommt es Verdauungsstörungen.

Bei Zwergkaninchen ergeben sich bei der Fütterung dieselben Probleme wie bei einem Meerschweinchen, wenn man sie mit einem Chinchilla in einem Käfig hält. Das größte Problem ist jedoch das arttypische Verhalten der Zwergkaninchen. Zwergkaninchenböcke betrachten alle anderen Tiere als Sexualobjekt. Entsprechend heftige Annährungsversuche werden ein Chinchilla erschrecken. Auch ein kastriertes Zwergkaninchen ist oft unangenehm aggressiv. Weibliche Zwergkaninchen dagegen sind unberechenbar während

Zu den Bildern:
Diese beiden Männchen sind nicht gut aufeinander zu sprechen. Wenn Sie zwei Chinchillas halten möchten, sollten Sie sich entweder für zwei Weibchen oder ein Pärchen entschließen. Zwei männliche Tiere vertragen sich nicht.

ihrer Phase der Scheinträchtigkeit mit Nestbautrieb. Das blitzschnelle Angreifen und Kratzen mit den Vorderpfoten von Zwergkaninchen könnte schwere Augenverletzungen beim Chinchilla verursachen. Abgesehen davon führen plötzliche Angriffe zu einer ständigen Beunruhigung und Verunsicherung des Chinchillas.

Einzel- oder Paarhaltung?

Die Einzelhaltung ist beim Chinchilla gut möglich. Das Chinchilla wird bei artgerechter Haltung und durch Ihr Einfühlungsvermögen bald zutraulich und neugierig werden.

Die Haltung zu zweit ist etwas schwieriger. Der Käfig muß wesentlich größer sein. In zu engen Käfigen ohne Ausweichmöglichkeiten gehen die Chinchillas sich zeitweilig auf die Nerven, und dann könnte es zu Verhaltensstörungen wie etwa dem Fellbeißen (→ Seite 42) kommen. Zwei weibliche Tiere, die zusammen aufgezogen wurden, aber auch Mutter und Tochter passen oft gut zusammen. Zwei männliche Chinchillas vertragen sich nicht.

Bei der Pärchenhaltung ist ebenfalls ein möglichst großer Käfig eine wichtige Voraussetzung. In der Regel verträgt sich ein Pärchen recht gut. Doch wohin mit dem Nachwuchs? Es sind zwei, vielleicht drei Würfe im Jahr zu erwarten, jeder Wurf mit ein bis drei oder gar vier Jungtieren. Ein geeigneter Freundes- und Bekanntenkreis ist bald versorgt. Und dann bleibt nur ein vertrauenswürdiger Zoofachhändler, der Ihren Nachwuchs mit guter Fachkenntnis und Beratung verkauft. Am besten ist es, wenn Sie das Männchen kastrieren lassen. Dazu müssen Sie sich einen erfahrenen Kleintierarzt suchen oder in eine Tierklinik gehen.

Männchen oder Weibchen?

Das Geschlecht des Chinchillas spielt bei der Einzelhaltung keine Rolle. Männchen werden häufiger angeboten, da Weibchen für die Zucht zurückbehalten werden (→ Geschlechtsbestimmung, Seite 14).

Wo man ein Chinchilla bekommt

Beim Zoofachhändler: Gehen Sie in ein Zoofachgeschäft, das seine Kunden individuell berät. Hat der Zoofachhändler keine Chinchillas, kann er Ihnen sicher ein Tier von einem nahegelegenen Pelztier- oder Hobbyzüchter besorgen. Kommt das Chinchilla so ohne große Umwege in Ihre Hände, bleibt ihm vieles erspart: lange Transporte, mehrfacher Umgebungswechsel und mehrfacher Futterwechsel. Lange Umwege vom Züchter zum Besitzer sind für das Chinchilla an sich schon eine Zumutung. Darüber hinaus können diese Zwischenstationen eine gesundheitliche Gefährdung bedeuten: wegen der möglichen Ansammlung von Krankheitskeimen in zusammengewürfelten Chinchillagruppen und in Händlerställen mit laufendem Wechsel von Tieren verschiedener Herkunft. Am besten geben Sie dem Chinchilla das gleiche Futter wie der Händler oder Züchter. Wenn es das richtige Futter (→ Seite 31) bekommen hat, dann nehmen Sie soviel davon mit, daß es zumindest für die ersten Wochen reicht.

Beim Pelztierzüchter: Vielleicht finden Sie in Ihrer Umgebung einen Pelztierzüchter. Er wird Ihnen sicher ein überzähliges Böckchen aus seiner Zucht verkaufen. Gesunde Weibchen gibt er nicht so gerne her. Beim Züchter erhalten Sie bestimmt auch wertvolle Ratschläge für die Haltung Ihres Chinchillas. In kleineren Pelztierzuchten kümmert sich meist die Ehefrau des Züchters um die Aufzucht der Jungtiere. Liebevoll

aufgezogene Jungtiere sind die menschliche Hand schon gewohnt, und sie werden deshalb schneller zahm.
Beim Hobbyzüchter: Chinchillas werden als Heimtiere immer beliebter. Daher könnte es sein, daß sich in Ihrer Nähe ein Hobbyzüchter befindet, der ein Chinchilla-Pärchen hält. Er wird froh sein, seinen Nachwuchs in liebevolle Hände abgeben zu können. Aus der Erfahrung mit seinen Chinchillas kann er Ihnen sicher viele nützliche Tips geben.
Mein Tip: Kontakte zu Pelztier- und Hobbyzüchtern bekommen Sie über Anzeigen in der Zeitschrift »Chinchilla-Post« und in anderen Tierzeitschriften (→ Adressen, Seite 63).

Worauf man beim Kauf achten sollte
Gleichgültig, wo Sie Ihr Chinchilla kaufen, wichtig ist, daß Sie vor dem Kauf auf die Sauberkeit der Käfige und den Gesundheitszustand des Tieres achten. Chinchillas sollten in hellen, trockenen Räumen gehalten werden. Ein einzeln gehaltenes Tier zu begutachten ist leicht, wenn Sie auf bestimmte Anzeichen achten. Werden Chinchillas in großen Gruppen oder zusammen mit Meerschweinchen und Zwergkaninchen angeboten, dann ist es schon schwieriger, ein einzelnes Tier zu beobachten und zu prüfen. Doch gerade in diesem Fall ist es wichtig, daß Sie sich Zeit lassen und genau hinsehen, bevor Sie sich für ein Tier entscheiden. Überstürzen Sie niemals den Kauf eines Tieres! Stellen Sie sich eine Zeitlang vor den Käfig und beobachten Sie das Chinchilla.
Noch ein grundsätzlicher Tip zum Chinchillakauf. Chinchillas sind in ihrem Charakter angeborenermaßen sehr verschieden. Als Heimtier ist ein ruhiges, weniger schreckhaftes Chinchilla eher geeignet. Ich rate davon ab, ein hektisches und nervös-schreckhaftes Tier auszuwählen. Bei den Belastungen, die beispielsweise durch Geräusche in einem Haushalt entstehen, kann es besonders leicht Störungen bekommen, vor allem Krämpfe.
Tagsüber dösen Chinchillas ruhig in einer Ecke oder im Schlafhaus. Dann ist es schwer zu prüfen, ob ein Tier gesund ist. Am besten gehen Sie kurz vor Ladenschluß in das Zoofachgeschäft oder gegen Abend zum Züchter, vielleicht sind die Chinchillas dann schon munter. Betrachten Sie das Tier zunächst im Käfig und lassen Sie es dann aus dem Käfig herausnehmen. So können Sie das Chinchilla von allen Seiten betrachten und auch betasten.

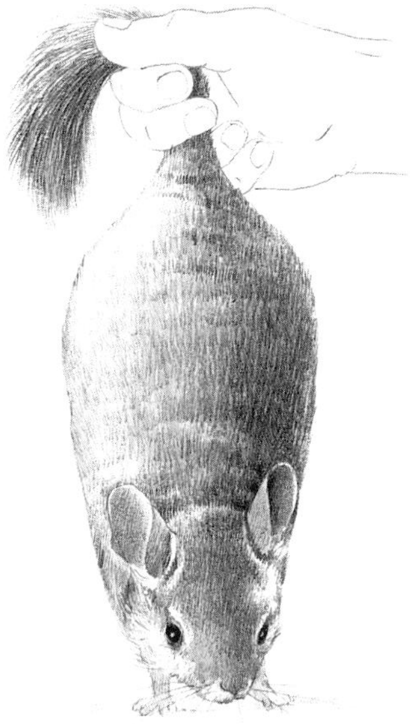

Diese Methode, das Chinchilla zu halten, sollten Sie nur dann anwenden, wenn es unbedingt nötig ist, beispielsweise um das Geschlecht festzustellen. Fassen Sie dabei das Chinchilla am Schwanzansatz an.

Das Chinchilla hüpft, springt und klettert gern, deshalb sollte sein Käfig so groß wie möglich und mit Kletterästen und Sitzbrettern ausgestattet sein. Dennoch ersetzt auch ein geräumiger Käfig den täglichen Auslauf im Zimmer nicht. Nur so können Sie dem ausgeprägten Bewegungsdrang des Chinchillas gerecht werden.

Black Velvet heißt diese durch Zucht entstandene Farbmutation.

Mögliche Krankheitsanzeichen sind:

- Sitzt das Chinchilla zurückgezogen in einer Ecke und frißt nicht, dann ist es wahrscheinlich krank. Das läßt sich jedoch erst in der Dämmerung beurteilen, wenn die Chinchillas munter werden.
- Krusten und Schuppen an der Nase, den Augen und Ohren sind Anzeichen für einen Hautpilz (→ Seite 37).
- Wenn Sie bei einem einzeln gehaltenen Tier bemerken, daß die Kotbällchen sehr klein sind (→ Zeichnung Praxis-Seite 27), dann hat es eine Verstopfung (→ Seite 36).
- Nasenausfluß und tränende Augen deuten auf eine Erkältung hin (→ Seite 38).
- Speichelfluß und langsamen oder übertriebenen Kaubewegungen liegen oft unheilbare Zahnanomalien zugrunde (→ Seite 38 und 40). Sie führen in der Regel zum Verhungern des Tieres.
- Die Stellung und die Länge der Nagezähne müssen normal sein (→ Zeichnung, Seite 26).

Das fünf Jahre alte weiße Chinchilla »Pablo«.

• Weißlich durchscheinende Nagezähne sind ein Zeichen für Ernährungsmängel.

• Verschmutzungen der Afterregion deuten auf Durchfall hin (→ Seite 35).

• Abmagerung ist ein Zeichen für eine falsche Ernährungsweise oder für eine schwerwiegende Erkrankung. Chinchillas sind unter ihrem dichten Fell schlank. Wenn Sie beim Abtasten deutlich hervorstehende Wirbel, Beckenknochen und Rippen spüren, dann ist das Tier zu mager.

• Löcher im Fell sind ein Zeichen für eine Verhaltensstörung des Tieres, für das »Fellbeißen« (→ Seite 42).

Mein Tip: Sollte in einer Gruppe von Tieren auch nur ein einziges Anzeichen einer Krankheit aufweisen, dann rate ich Ihnen ab, aus dieser Gruppe ein Tier zu kaufen. Die Tiere könnten sich untereinander bereits angesteckt haben, ohne daß die Anzeichen schon sichtbar sind.

Chinchilla-Steckbrief
Name: Langschwanz-Chinchilla.
Wissenschaftlicher Name: *Chinchilla lanigera.*
Heimat: Südamerika.
Lebensraum: Gebirge (Anden) bis in 5000 m Höhe. Natürliche Felsspalten und Höhlen in kargen Gebieten mit geringer Luftfeuchtigkeit und starken Temperaturschwankungen zwischen Tag und Nacht.
Stammform: Hellgrau bis dunkelgrau gefärbtes Fell, Körperunterseite aufgehellt bis hin zu weiß.
Farbvarianten durch Zucht: Weiß, Silberfarben, Schwarz (Black Velvet), Beigefarben, Braun, Brown Velvet (→ Farbmutationen, Seite 47).
Körperlänge: 25 – 35 cm (variiert sehr)
Schwanzlänge: 15 – 20 cm.
Gewicht: 400 – 600 Gramm.
Lebenserwartung: 10 bis 15 Jahre, als Heimtier auch 18 bis 22 Jahre.
Geschlechtsreife: Mit 4 bis 5 Monaten.
Trächtigkeitsdauer: 111 Tage.
Anzahl der Jungen pro Wurf: 1 bis 4 (ausnahmsweise bis zu 6).
Anzahl der Würfe pro Jahr: Bis zu 3.

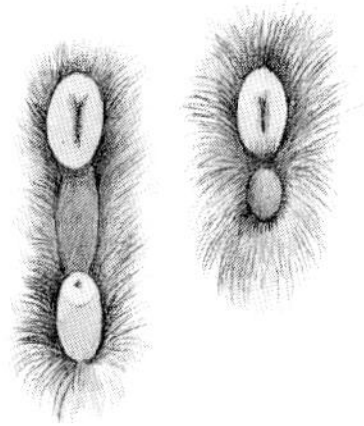

Auf den ersten Blick sehen sich männliche und weibliche Geschlechtsteile sehr ähnlich. Beim Böckchen (links) ist ein kleiner Abstand (etwa 1 cm) zwischen After und Geschlechtsteil. Beim Weibchen (rechts) liegen After und Harnröhrenzapfen ganz dicht zusammen. Dazwischen ist die nicht sichtbare querliegende Scheide.

Das Alter des Chinchillas beim Kauf

Junge Chinchillas werden im Alter von 7 bis 8 Wochen von der Mutter getrennt. Danach bleiben sie noch 2 bis 4 Wochen beim Züchter, damit sie kräftig und widerstandsfähig werden. Chinchillas in Zoofachgeschäften sind meist 3 bis 6 Monate alt. Chinchillas variieren in ihrer Größe, deshalb kann man ihnen ihr Alter nicht genau ansehen. Als ausgewachsene Tiere sind die Böckchen meistens etwas kleiner als die Weibchen.
Mein Tip: Grundsätzlich empfehle ich Ihnen, sich ein Jungtier anzuschaffen, denn das wird schneller zahm. Dabei ist es nicht so entscheidend, ob es nun erst 3 oder schon 6 Monate alt ist.

Geschlechtsbestimmung

Am besten lassen Sie sich den »kleinen Unterschied« vom Zoofachhändler oder Züchter zeigen und erklären. Auf den ersten Blick sehen sich die weiblichen und männlichen Geschlechtsteile sehr ähnlich (→ Zeichnung, links).
So hielt ich meine Amadea, die als erstes Chinchilla bei mir geboren wurde, zunächst für einen Amadeus. Denn ich verwechselte die bei den Weibchen wie ein Zapfen hervorstehende Harnröhrenöffnung mit dem männlichen Geschlechtsteil.
Beim Weibchen liegen After, die querliegende Scheide und der Harnröhrenzapfen ganz dicht nebeneinander.
Beim Männchen ist ein kleiner Abstand zwischen After und Geschlechtsteil.

Chinchillas richtig unterbringen

Ein Käfig kann nie zu groß sein!
Die Überlegungen zur Unterbringung Ihres Chinchillas sollten Sie rechtzeitig vor dem Kauf des Tieres anstellen. Sparen Sie bei der Ausstattung nicht an der falschen Stelle. Und vor allem nicht beim Käfig. Das Chinchilla ist ein sehr bewegungs- und springfreudiges Tier. Zu seiner artgerechten Haltung und Pflege gehört ein möglichst großer Lebensraum. Ein Käfig kann sehr leicht zu klein, aber nie zu groß sein. Das ist wichtig, weil sich das Chinchilla die meiste Zeit, wenn es munter ist, nämlich nachts, im Käfig aufhalten muß.

Wichtige Eigenschaften eines Käfigs
Unabhängig davon, für welchen Käfig Sie sich entscheiden, einige bestimmte Eigenschaften sollte ein Käfig für ein Chinchilla immer haben, damit es sich darin wohl fühlt.
Gitter: Verzinkte Gitterstäbe oder verzinkten Maschendraht kann das Chinchilla nicht benagen. Metall läßt sich leicht von Staub und Haaren reinigen. Lackierte oder mit Kunststoff überzogene Gitterstäbe darf ein Chinchillakäfig nicht haben. Wenn das Chinchilla daran nagt, kann es zu Verdauungsstörungen kommen.
Bodenschale: Günstig ist eine Bodenschale aus Metall. Eine Bodenschale aus Kunststoff darf der Käfig nur dann haben, wenn das Chinchilla die Oberkante nicht benagen kann.
Käfigtür: Praktisch ist eine große Käfigtür, um das Sandbad, den Futternapf und das Schlafhaus problemlos aus dem Käfig herausnehmen zu können.
Achtung: An spitzen Kanten, Lötstellen, Nägeln, Schrauben und Klammern kann ein herumspringendes Chinchilla sich verletzen. Freigenagte Nägel und Klammern müssen entfernt werden.

Empfehlenswerte Käfige
Ich habe verschiedene Käfige und ihre Größen verglichen.
Flug-Volieren für Kleinvögel sind als Käfig für ein Chinchilla geeignet. Ausreichend für ein einzelnes Tier ist eine Höhe von 1 m, eine Breite von 80 cm bis 100 cm und eine Tiefe von 50 cm. Die zu den Flug-Volieren mitgelieferte Bodenschublade aus Plastik ist nicht geeignet. Chinchillas benagen gerne Pla-

Eine Tonröhre aus dem Baustoffhandel nehmen Chinchillas sehr gerne als Schlafhäuschen an. Die Röhre sollte eine Länge von etwa 20 cm und einen Durchmesser von etwa 15 cm haben. Sie wird auf den Käfigboden in die Einstreu gelegt.

stik und das Fressen von größeren Mengen von Kunststoffen könnte tödlich für das Tier sein. Plastikteile, die das Tier benagen kann, gehören grundsätzlich nicht in einen Chinchillakäfig! Lassen Sie sich eine passende Bodenschublade aus Zink- oder Aluminiumblech von einem Klempner anfertigen. Flug-Volieren für Kleinvögel haben einen Maschendraht mit einer Maschenweite von 14 mm. Durch diese Maschen können selbst neugeborene Chinchillas nicht entweichen. Großvolieren für Kleinvögel sind 1,70 m hoch, 80 cm breit und 50 cm tief. In diesem geräumigen Zuhause können Sie schon eine kleine Kolonie von Chinchillas halten. Aber auch ein einzelnes Tier ist sicher begeistert über so viel Bewegungsfreiheit. Diese Volieren haben eine kunststoffbeschichtete Rückwand. Anstelle der mitgelieferten Plastikschublade müssen Sie ebenfalls eine Bodenschublade aus Zink- oder Aluminiumblech anfertigen lassen.

Der Futternapf muß standfest sein, sonst wird er von dem Chinchilla umgeworfen. Gut geeignet sind Futternäpfe aus Ton oder Keramik.

Spezial-Chinchilla-Käfige werden im Fachhandel angeboten und haben die Maße 45x68x36 (HöhexBreitexTiefe). Diese Käfige sind nur als Transportkäfige zu empfehlen. In ihm können Sie das Chinchilla zum Tierarzt bringen, wenn es krank ist, und zu Freunden, die es während Ihrer Abwesenheit versorgen.

»Chinchilla-Heime« bekommen Sie ebenfalls im Zoofachhandel. Sie sind etwas geräumiger als die Spezial-Chinchilla-Käfige. Ihre Maße: 78x72x46 cm. Sie haben eine Sandbadewanne (→ Seite 26) aus Metall. In solch einem Käfig kann ein Chinchilla leben, wenn es täglich viel Auslauf im Zimmer (→ Seite 22) bekommt.

Hinweis: Geschickte Bastler können einen geräumigen Chinchilla-Käfig selbst bauen. Auf den Praxis-Seiten 18 und 19 finden Sie eine Arbeitsanleitung und Tips für die Einrichtung des Käfigs.

Schutzbretter

An der Rückwand und an den beiden Seitenwänden des Käfigs können Sie von außen kunststoffbeschichtete Spanplatten anbringen. Dann ist das Chinchilla vor Zugluft geschützt. Es wird auch nicht gestört, wenn sich jemand hinter oder neben dem Käfig bewegt. Haben Sie eine Katze oder Vögel im Haus, die sich im selben Raum frei bewegen können, dann sollten Sie in jedem Fall eine Platte auf dem Dach des Käfigs anbringen. Die Katze und die Vögel werden sich sicher auf dem Käfig niederlassen – das aber erschreckt ein Chinchilla zu Tode. Sein Instinkt läßt es vor jeder Bewegung über seinem Kopf flüchten. Diese Fluchtreaktion rettet das Tier in der Natur oft vor Raubvögeln.

Der richtige Käfig-Standort

Der Standort für den Chinchillakäfig muß bestimmte Voraussetzungen erfüllen, damit das Chinchilla sich dort wohl fühlt und keinen gesundheitsschädlichen Einflüssen ausgesetzt ist.

- Der Käfig darf nicht im Zug stehen!
- Der Standort muß hell sein. Die Sonne darf aber nicht direkt auf den Käfig scheinen, sonst steigen die Temperaturen im Käfig zu hoch. Dann kann das Chinchilla einen Hitzschlag bekommen.
- Wenn der Raum, in dem der Käfig stehen soll, tagsüber genutzt werden muß, dann suchen Sie eine ruhige, abgeschirmte Ecke als Standort aus.
- Stellen Sie den Käfig an die Wand. Wenn Sie ständig um den Käfig herumlaufen, weil er mitten im Raum steht, wird das Tier nervös und verängstigt.
- Stellen Sie den Käfig nicht auf den Boden! Am besten steht er in Brusthöhe, eventuell auf oder in einem Regal. Der Käfig muß so hoch stehen, daß Sie sich nicht über den Käfig beugen können, das würde das Tier erschrecken.

Wie kommt man bloß an das schmackhafte Obst ran?

Chinchillas untersuchen jeden neuen Gegenstand sofort auf Eßbarkeit. Selbst wenn man den Finger durchs Käfiggitter steckt, erfolgt prompt der mehr oder weniger sanfte Probebiß – schließlich könnte es ja etwas Eßbares sein. Dieses prüfende Beißen hat nichts mit Bissigkeit zu tun.

So fühlt sich das Chinchilla wohl

Der Käfig, in dem ein Cinchilla untergebracht werden soll, muß nicht nur groß sein, sondern braucht auch eine zweckmäßige Einrichtung.

Das Schlafhaus

Zeichnung 1

Ein Schlafhaus im Käfig ist für das Chinchilla unentbehrlich. Am besten ist ein Häuschen, das nach allen Seiten geschlossen ist und nur ein kleines Einschlupfloch hat. Darin hat das Chinchilla tagsüber seine nötige Ruhe. Geschlossene Meerschweinchen-Häuschen aus Holz oder Zuchtkästen für Nymphensittiche sind als Schlafhaus gut geeignet. Das Schlafhaus wird auf das oberste Sitzbrett (→ Zeichnung 2) gestellt und fest verankert, sonst fällt es beim Herumtoben des Chinchillas herunter. Man kann es am Gitter festschrauben oder zwischen Sitzbrett und Dach einklemmen.

1 | *Im Schlafhaus finden Chinchillas tagsüber ihre Ruhe.*

Eine Tonröhre (→ Zeichnung, Seite 15) aus dem Baustoffhandel (Durchmesser 15 cm, Länge mindestens 20 cm) kann auch als Schlafhaus dienen. Sie läßt sich aber nur schwer auf einem Sitzbrett sicher befestigen.

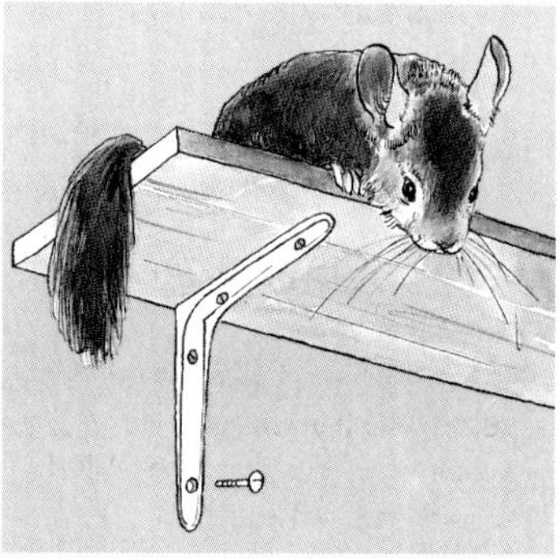

2 | *Sitzbretter mit Winkeleisen an Holzwänden festschrauben.*

Schläft Ihr Chinchilla lieber auf dem Boden des Käfigs – das merken Sie daran, daß es morgens nicht sein Schlafhaus aufgesucht hat, sondern in der Einstreu (→ unten) sitzen bleibt – dann können Sie eine solche Tonröhre in die Einstreu legen.

Hinweis: Als Einstreu für den Käfigboden und das Schlafhäuschen nehmen Sie am besten Kleintierstreu aus Hobelspänen, die Sie im Zoofachgeschäft erhalten. Der Käfigboden sollte etwa 5 cm hoch mit Einstreu bedeckt sein, der Boden des Schlafhäuschens etwa 2 cm hoch.

Sitzbretter

Zeichnung 2

Bringen Sie – je nach Käfiggröße – ein bis zwei Sitzbretter (am besten aus unbehandeltem Fichtenholz) waagrecht an den Wänden des Käfigs an.

Durch die Sitzbretter teilen Sie den Käfig in verschiedene Etagen ein. Befestigen Sie entweder kleinere Bretter an den Seitenwänden oder lange, schmale Bretter an der Rückseite des Käfigs (→ Zeichnung 4). An Holzwänden werden die Sitzbretter mit Winkeleisen angeschraubt, an Gitterwänden mit Haken eingehängt. Ihr Chinchilla sollte von einem Brett zum anderen oder zum Boden Sprünge von 30 bis 50 cm machen können.

Asthalter

Zeichnung 3

Kletteräste und Äste zum Benagen lassen sich mit einem speziellen Asthalter am Gitter oder an der Holzwand befestigen. Asthalter sind in verschiedenen Größen im Zoofachhandel erhältlich. Kletteräste können Sie auch zwischen Käfigwände und Sitzbretter einklemmen. Die Äste sollten von Buchen, Weiden, Haselnußsträuchern, Fichten oder ungespritzten Obstbäumen (Zweige von Holunderbüschen nicht verwenden!) stammen.

Weitere Einrichtungsgegenstände

Als Wasserspender eignet sich eine Kaninchen- oder Hamstertränke. Hängen Sie den Wasserspender nicht über die Heuraufe! Wenn Wasser auf das Heu tropft, verdirbt es.

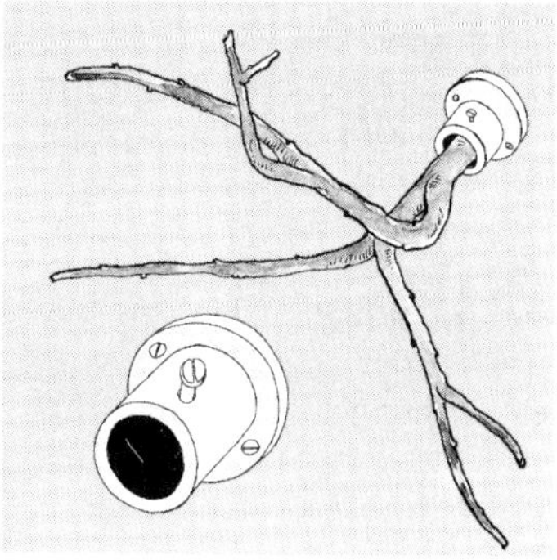

3 | Nage- und Kletteräste mit einem Asthalter befestigen.

Eine Heuraufe aus verzinktem Draht wird innen im Käfig ans Gitter gehängt. Sie können auch einen Keramiktopf mit Heu füllen und auf den Käfigboden stellen.
Der Futternapf muß schwer sein, damit ihn das Chinchilla beim Herumhüpfen nicht umstößt. Gut geeignet sind Futternäpfe aus Ton oder Keramik (im Zoofachhandel erhältlich).
Die Badewanne (→ Zeichnung, Praxis-Seite 26) für das tägliche Bad im Chinchilla-Spezialsand (→ Ein Sandbad für die Schönheitspflege, Seite 26) muß hochwandig sein und kann aus Zinkblech, Ton oder Keramik bestehen.

Der selbstgebaute Käfig
Zeichnung 4
Der Käfig sollte für ein Einzeltier etwa 80 cm breit, 50 cm tief und 100 cm hoch sein. Sie brauchen:
- Kunststoffbeschichtete Preßspanbretter für Wände, Dach, Boden und Schublade.
- Kanthölzer für den Rahmen der Vorderseite und für die Käfigtür.
- Verzinkten Maschendraht (Maschenweite 14 mm).
- Blechstreifen zum Verkleiden offener Schnittkanten.
- Fichtenbretter für Schlafhaus und Sitzbretter.
- Scharniere und Riegel für die Tür, Holzschrauben oder -dübel, Klammern zum Befestigen des Maschendrahtes, Winkeleisen oder Haken zum Befestigen der Sitzbretter.

Die Wände des Käfigs, Dach und Boden mit Holzschrauben oder Holzdübeln zusammensetzen. Ebenso die Bodenschale und die Rahmen der Vorderseite. Alle Fugen mit Silikonkautschuk schließen, damit kein Urin ins Holz eindringen kann. Oberkante der Schublade mit einem Blechstreifen schützen. Blechstreifen um die Kanten herumbiegen und festnageln. Maschendraht mit Hilfe von Heftpistole und Heftklammern (»Tacker«) innen am Rahmen anbringen. Tür mit Scharnieren (außen angebracht) in die Käfigvorderseite einsetzen und mit Riegel verschließen. Schlafhaus (Maße: 30 cm lang, 20 cm breit, Einschlupflochdurchmesser 10 cm) mit Holzdübeln zusammensetzen, da sich das Chinchilla beim Benagen des Holzes an Schrauben oder Nägeln verletzen kann.
Mein Tip: Schubladen können statt aus Holz auch aus Zinkblech bestehen (beim Klempner anfertigen lassen).

4 | Selbstgebauter Chinchilla-Käfig mit den Maßen 80 cm breit, 50 cm tief und 100 cm hoch. Das Schlafhaus ist unter dem Dach angebracht. Ein- und Ausgang münden auf einem Sitzbrett. Ein zweites Sitzbrett und ein starker Ast ermöglichen dem Chinchilla im Käfig zu klettern und zu hüpfen. Wasserspender, Nagematerial, Heuraufe und Futternapf sind für die Versorgung wichtig.

Das Leben mit dem Chinchilla

Neugierde und Unbefangenheit sind grundlegende Eigenschaften eines Chinchillas. Während des Auslaufs im Zimmer müssen Sie Ihr Chinchilla aufmerksam beobachten, damit es bei seinen Erkundungen nicht in gefährliche Situationen gerät.

Der Heimtransport
Für einen längeren Transport setzen Sie das Chinchilla am besten in einen kleinen nagesicheren Käfig. Vielleicht können Sie einen Vogel- oder Meerschweinchenkäfig dafür ausleihen, wenn Sie selbst keinen besitzen. Einen stabilen Pappkarton hat das Chinchilla in kürzester Zeit durchgenagt. Damit das Tier außer von ungewohnten Geräuschen nicht auch noch von wechselnden Lichteinfällen irritiert wird, sollten Sie den Käfig mit einem Tuch oder einer Decke abdecken. Aber Vorsicht, das Tierchen könnte die Textilfaser fressen, und die bekommt ihm nicht.

Die Eingewöhnung
Der Käfig sollte fertig eingerichtet sein, wenn der neue Bewohner ankommt (→ Unterbringung und Ausstattung, Seite 15). Auch einen gefüllten Futternapf und den Wasserspender sollten Sie vor dem Einsetzen hineingeben, damit Ihr Chinchilla in seinem neuen Zuhause erst einmal in Ruhe gelassen werden kann.
Beim Einsetzen gehen Sie so vorsichtig wie möglich vor: Den Transportbehälter (oder Transportkäfig) mit der Öffnung an die offene Käfigtür halten, damit das neugierige Tierchen auf eigene Initiative sein neues Heim betritt. Bewahren Sie Ruhe und Geduld dabei. Wenn es mit dieser Methode nicht gelingen sollte, das Chinchilla umzusetzen, dann nehmen Sie ohne Hast das Tier in beide Hände. Damit es Ihnen dabei nicht ausrückt, halten Sie leicht den Schwanzansatz mit Daumen und Zeigefinger einer Hand fest, die andere Hand greift unter den Bauch (→ Zeichnung, Seite 55). So setzen Sie es in den Käfig. Keine Angst: wenn das Tier nicht in Panik gerät und die Umgebung ruhig ist, dann beißt es dabei normalerweise nicht. Dann schließen Sie den Käfig. Aus einiger Entfernung können Sie nun beobachten, wie das Chinchilla seine neue Umgebung erforscht.

Die ersten Tage
Die nächsten Tage und Wochen sollten Sie sehr zurückhaltend im Umgang mit dem Tier sein. Wie lange das Chinchilla braucht, um sich einzugewöhnen, das hängt von seiner schon vorhandenen Zahmheit und seiner individuellen Schreckhaftigkeit ab. Beschränken Sie alle Pflegemaßnahmen wie Fütterung und Reinigungsarbeiten auf das notwendige Minimum. Alle Tätigkeiten sollten Sie am Abend, also in der natürlichen Wachphase des Tieres unternehmen. In der Regel wird das Chinchilla etwas vorsichtig oder ängstlich reagieren, wenn Sie sich in der Nähe des Käfigs oder (ruhig und vorsichtig!) darin zu schaffen machen. Bewegen Sie sich langsam, ohne das Tierchen zu bedrängen, und sprechen Sie ruhig mit ihm. Lassen Sie dem Chinchilla Zeit! Jedes unnötige Erschrecken verlängert nur die Zähmungsdauer.
Nicht reagieren! Vielleicht merken Sie anfangs gar nicht, daß das Chinchilla ein dämmerungs- und nachtaktives Tier ist. Jedes neugierige Jungtier wird zu jeder Tageszeit auf alles reagieren, was sich um den Käfig oder darin abspielt.

Aufmerksam beobachtet dieses Tier die Fotografin. Lockt sie mit einem Leckerbissen?

Ignorieren Sie bei Tag seine Neugierde und sprechen Sie nicht mit ihm. Tun Sie einfach so, als wenn das Chinchilla gar nicht existierte. Sie werden sehen, wie schnell das Tierchen begreift, daß tagsüber nichts Wichtiges passiert. Bald wird es sich auf seine natürliche Schlafenszeit besinnen. Das ist wichtig, weil jede Aktivität tagsüber nicht seinem angeborenen Lebensrhythmus entspricht und damit Streß und gesundheitliche Belastung für das Tier bedeutet.

So wird das Chinchilla zahm

Damit Ihr Chinchilla zahm und zutraulich wird, müssen Sie es langsam an Ihre Hände und an Ihren Körper gewöhnen. Dabei ist es wichtig, daß Sie die nun folgenden Zahmheitsübungen langsam und Schritt für Schritt durchführen. Erst wenn die eine Stufe der Zahmheit erreicht ist, gehen Sie zur nächsten über.

<u>Gitterzahmheit:</u> Sobald das Chinchilla gegen Abend neugierig ans Gitter kommt, beginnen Sie damit, ihm ganz ruhig Leckerbissen (→ Seite 32) und in

kleinen Stückchen eine Kalktablette (→ Seite 32) durch die Gitterstäbe zu reichen. Sprechen Sie dabei mit ihm. Bald wird sich das Chinchilla trauen, diese Leckerbissen aus Ihren Fingern zu nehmen.

Futterzahmheit: Zeigt Ihr Chinchilla keine Ängstlichkeit mehr am Gitter, dann öffnen Sie die Käfigtür. Passen Sie auf, daß es nicht herausspringen kann. Halten Sie ihm den Leckerbissen nun hin. Wenn das Chinchilla ohne Hemmungen aus Ihren Fingern frißt, legen Sie als nächsten Schritt einen Leckerbissen auf die flache Hand. Halten Sie die Hand ganz still, bis das Tier sich traut, mit seinen Vorderpfoten auf die Hand zu steigen und sich das Futter zu holen. Wenn das klappt, legen Sie Futter auf Ihren Unterarm, den Sie ruhig in den Käfig halten. Das Chinchilla wird auch den Unterarm erklettern, um sich das Futter zu holen. Es gehört viel Geduld dazu, bis das Tier seine Scheu überwunden hat. Aber lassen Sie sich und dem Chinchilla Zeit, bis alles ganz selbstverständlich läuft.

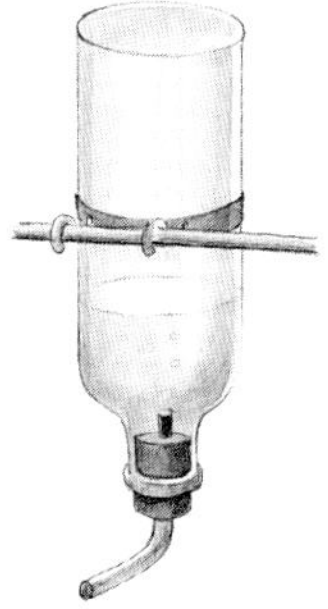

Solch eine Kaninchen- oder Hamstertränke sollten Sie etwa 20 cm über dem Käfigboden am Gitter befestigen. So kann das Chinchilla bequem trinken.

Völlige Zahmheit: Damit das Chinchilla auch mit Ihrem Körper vertraut wird, lehnen Sie sich mit Ihrem Oberkörper an die geöffnete Käfigtür und lassen Sie das Chinchilla Ihre Arme und Kleidung erobern. Geben Sie Ihm Futter, wenn es auf Ihren Armen sitzt.

Als weiteren Schritt halten Sie dabei eine Hand über seinen Körper, damit es sich an das Anfassen gewöhnt. Zeigt es keine Angst mehr vor Ihrer Hand, geben Sie ihm einen besonders begehrten Leckerbissen zur Belohnung, während Sie es anfassen. Sitzt das Tier auf Ihrem Arm an Ihrer Brust, treten Sie einmal einen Schritt vom Käfig zurück und lassen es dann wieder in den Käfig hüpfen. Aber Vorsicht dabei, daß es Ihnen nicht in den Raum wegspringt.

Üben: Alle diese einzelnen Schritte von der Gitterzahmheit bis zur völligen Zahmheit langsam und häufig üben. Diese Zahmheitsübungen müssen »sitzen«, bevor Sie dem Tier Auslauf gewähren können. Das Chinchilla muß mit Ihren Händen und mit Ihrem Körper vertraut sein. So muß erst gar keine Hetzjagd entstehen, wenn Sie das Tier später einmal nach dem Auslauf in der Wohnung wieder in den Käfig setzen wollen. Durch hektische Fangsituationen verliert das Chinchilla sein Vertrauen zum Menschen.

Richtig hochheben und tragen

Wenn Sie den Eindruck haben, daß Ihr Chinchilla jetzt wirklich zutraulich geworden ist und beim Anfassen keinerlei Erschrecken mehr vor Ihren Händen zeigt, dann sollten Sie anfangen, es herumzutragen. Dabei müssen Sie üben, das Tier festzuhalten, wenn es auf Ihrer Hand sitzt. Indem Sie den Daumen auf den Schwanzansatz legen (→ Zeichnung, Seite 55), können Sie verhindern, daß es unerwartet wegspringt. Zum Tragen reicht dann eine Hand aus. Diese Trage-Übungen sollten zunächst nur sekundenlang gemacht und erst später ausgedehnt werden, wenn sich das Tier daran gewöhnt hat.

Achtung: Das Chinchilla niemals am Schwanzende greifen oder halten! Nicht nur das Haar, sondern das ganze, sehr empfindliche Schwanzende könnte dabei abreißen!

Der tägliche Auslauf

Seinen täglichen freien und zunächst genau kontrollierten Auslauf kann das Chinchilla erst dann bekommen, wenn es völlig zahm ist. Am besten beginnen Sie damit auf einem Tisch, den Sie vor dem Käfig aufstellen und den das Chinchilla erobern kann. Verhindern Sie, daß es gleich vom Tisch herunterspringt, indem Sie es mit Futter ablenken. Setzen

Reinigungsplan

Täglich	Wöchentlich	Monatlich
Futternapf mit klarem, heißem Wasser ausspülen und trocknen.	Käfigeinstreu entfernen, Boden mit klarem, heißem Wasser ausspülen und trocknen lassen. Einstreu erneuern.	Einstreu im Schlafhäuschen erneuern.
Wasserflasche mit Flaschenbürste gründlich reinigen. In der Flasche bilden sich leicht Algen. Besonders rote Algen können für Chinchillas tödlich sein.	Einstreu im Schlafhaus kontrollieren. Nur feuchte Einstreu entfernen und erneuern (Chinchillas mögen den Eigengeruch!).	Sandbadewanne mit klarem, heißem Wasser ausspülen.
Urinverschmutzte Kletteräste mit heißem Wasser abwaschen und trocknen lassen (Schimmelbildung!).	Trockenen Kot von Sitzbrettern und Schlafhäuschen fegen.	Spezialsand in der Sandbadewanne alle 2–4 Wochen erneuern.
Verschmutztes Heu, das auf dem Käfigboden liegt, entfernen (→ Seite 35).	Mehrmals wöchentlich abgestoßene Haare, die sich am Käfiggitter sammeln, mit feuchtem Tuch entfernen.	

Beim Tragen greift eine Hand unter den Bauch den Chinchillas, die andere hält es am Rücken fest.

Sie sich dabei so an die Tischkante, daß das Tier anstatt herunterzuspringen, lieber auf Ihnen herumklettert. Üben Sie das einige Tage und stellen Sie dann einen Stuhl neben den Tisch, auf den das Chinchilla hüpfen kann. Lassen Sie zwischendurch das Tier immer wieder auf Ihren Körper klettern. Das sind wichtige Vorübungen für den freien Auslauf im Raum. Das Chinchilla soll gerne zu Ihnen zurückkehren, sich bei Ihnen Leckerbissen holen, damit es ohne Schwierigkeiten jederzeit wieder in seinen Käfig gebracht werden kann.
Mein Tip: Ein Chinchilla nie jagen, um es in den Käfig zurückzusetzen. Es verliert sonst sein Vertrauen zu Ihnen.

Gefahren für das Chinchilla
Bevor Sie das Chinchilla endgültig das Zimmer erobern lassen, schauen Sie sich den Raum kritisch auf offensichtliche und versteckte Gefahren hin an (→ Gefahrenkatalog, Seite 30). Versuchen Sie bitte nicht, das Tier zu erziehen oder gar zu dressieren. Mit einem Chinchilla haben Sie sich ein Wildtier und keinen Hund zum Hausgenossen genommen. Zischen, Pfeifen oder Klatschen verhindern zwar für einen Moment, daß das Tier mit einer unerwünschten oder gefährlichen Aktivität fortfährt, weil es erschrickt. Aber es lernt grundsätzlich nie, diese Dinge zu unterlassen. Und denken Sie immer daran: Heftiges Erschrecken

Endlich Badegelegenheit!

Erst einmal wohlig in den Sand hineinwühlen,

erhöht den Streß für das Chinchilla und macht es nervös und hektisch. Wollen Sie zum Beispiel das Tier vom Beknabbern Ihrer Möbel abhalten, dann halten Sie ihm einen Zweig zum Knabbern (→ Seite 18) hin, vielleicht findet es den ebenso interessant und schmackhaft.

Die Beschäftigung mit dem Chinchilla
Die Beschäftigung mit Ihrem neuen Hausgenossen besteht zu einem guten Teil in der Beobachtung seiner Unternehmungen. Es wird in seiner hüpfenden Fortbewegungsart sehr bald alle »Höhen und Tiefen« Ihrer Wohnung erobern, viele Dinge auf Eßbarkeit hin überprüfen (Vorsicht!) und Sie mit seiner Neugierde und Unbefangenheit erfreuen. Wenn es sich im Zimmer ein wenig ausgetobt hat, dann turnt es sicher auch gerne auf Ihnen herum. Manche Tiere suchen dann zum Kuscheln und Anschmiegen den Menschen auf und erweisen sich als richtige Streicheltiere. Dieses Bedürfnis ist bei den einzelnen Individuen aber unterschiedlich stark ausgeprägt.

Wohin mit dem Chinchilla im Urlaub?
Sorgen Sie rechtzeitig für eine zuverlässige Pflegeperson. Grundsätzlich sollten Sie ein Chinchilla niemals in den Urlaub mitnehmen. Längere Autofahrten und eventuell mehrfacher Umgebungswechsel sind zu große Belastungen für das Tier.
Kurze Abwesenheit: Wenn Sie nur wenige Tage abwesend sind (Dienstreise, Kurzurlaub), können Sie das Chinchilla beruhigt in seinem Käfig lassen. Hauptsache, es wird gegen Abend mit Futter und Trinkwasser versorgt. Ist das Tier bereits mit der Pflegeperson vertraut, kann es auch Auslauf im Zimmer bekommen.

und sich dann genüßlich im Sand hin und her wälzen.

Längere Abwesenheit: Wenn Sie über mehrere Wochen abwesend sind (Urlaub, Krankenhausaufenthalt), werden Auslauf und ein wenig Beschäftigung mit dem Tier sehr wichtig. Wenn ein Chinchilla zu wenig Bewegungsfreiheit hat, kann es schnell eine Verstopfung (→ Seite 36) bekommen oder es zeigt Verhaltensstörungen wie etwa das Fellbeißen (→ Seite 42). Ein »Umzug« des Chinchillas in die Wohnung der Pflegeperson darf nur mit dem gewohnten Käfig vorgenommen werden. Frei herumlaufen sollte es erst, wenn es sich an die neue Umgebung gewöhnt hat und einen ruhigen und normalen Eindruck macht.

Mein Tip: Am besten hinterlassen Sie dem Pfleger eine Checkliste mit den nötigen Informationen über Fütterung und Pflege des Chinchillas sowie die Adresse, wo Sie zu erreichen sind.

Die Haltung im Freien

In der Natur leben Chinchillas in Gebieten, deren Klima von geringer Luftfeuchtigkeit und starken Temperaturschwankungen zwischen Tag und Nacht geprägt ist (→ Die Heimat der Chinchillas, Seite 52).

Ein Chinchilla sollte in unseren Breitengraden nicht im Freien gehalten werden. Vor allem die hohe Luftfeuchtigkeit ist für die Gesundheit des Chinchillas unzuträglich, außerdem verträgt das seidenweiche Fell des Tieres keinerlei Nässe.

Zu den Bildern: Das tägliche Sandbad ist ein absolutes Muß für die Schönheitspflege des Chinchillas. Ohne das Sandbad verliert das Fell des Tieres seine Duftigkeit, es wird fettig und klebrig oder gar zottig.

PRAXIS
Chinchilla-Pflege

Damit Ihr Chinchilla sein kuschelweiches Fell behält, sich wohl fühlt und gesund bleibt, müssen Sie regelmäßige Pflegearbeiten in Ihren Zeitplan einrechnen.

1 Das tägliche Bad im Spezialsand ist sehr wichtig für die Fellpflege.

Ein Sandbad für die Schönheitspflege

Zeichnung 1

Chinchillas sind sehr reinliche Tiere, die ihr Fell selbst pflegen. Dafür aber brauchen sie ihr tägliches Bad im Spezialsand. Stellen Sie Ihrem Chinchilla jeden Abend für etwa 30 Minuten ein geeignetes Gefäß mit Spezialsand als Badewanne in den Käfig. Das Gefäß muß etwas größer als das Chinchilla sein und es muß nagesicher und standfest sein. Bewährt haben sich Ton- oder Keramikgefäße. Das Chinchilla wird sich im Sand drehen und wälzen. Der Chinchilla-Spezialsand ist feiner als jeder Vogelsand und durch nichts wirklich zu ersetzen. Suchen Sie im Zoofachhandel nach diesem Spezialartikel. Ohne diese täglichen Sandbäder verliert das Fell des Chinchillas seine Duftigkeit, es wird fettig und klebrig oder gar zottig. Wenn sich Ihr Chinchilla gerne streicheln läßt, dann wird das Fell um so schneller fettig. Das tägliche Bad im richtigen Spezialsand ist dann besonders wichtig.

Mein Tip: Das Sandbad ist eine ständige Staubquelle. Beim Baden und Herumturnen verbreitet das Chinchilla eine feine Staubschicht in der Umgebung des Käfigs. Wenn Sie die Badewanne nach dem abendlichen Bad wieder entfernen, läßt sich die Staubbildung in Grenzen halten. Außerdem wird der Sand während eines 30-minütigen Bades nicht wesentlich durch Kot und Urin verunreinigt und braucht deshalb nur etwa alle 2 – 4 Wochen erneuert zu werden.

Zahnpflege

Die Zähne von Nagetieren, und dazu gehört ein Chinchilla, wachsen ständig nach. Das Chinchilla muß seine Nagezähne abwetzen können, damit sie die richtige Länge und Form behalten. Geben Sie daher immer wieder frische Äste (zum Beispiel Weide, Buche, Haselnuß und Äste von ungespritzten Obstbäumen) in den Käfig, die das Chinchilla benagen kann. Auch einen Nagestein aus dem Zoofachgeschäft können Sie Ihrem Chinchilla zusätzlich anbieten.

Zeichnung 2

Kontrollieren Sie von Zeit zu Zeit das Wachstum und die Stellung der Nagezähne. Nehmen Sie das Chinchilla so in die linke Hand, daß der Daumen sich unterhalb des Unterkiefers befindet. Umfassen Sie mit der rechten Hand den Kopf und heben sie die Oberlippen. Ziehen Sie dann mit der linken Hand die unteren Lippen etwas nach unten.

Mein Tip: Wenn die Nagezähne des Chinchillas nicht in Ordnung sind, können Sie das auch bei der Futteraufnahme bemerken: Sehr langsames Fressen sind Hinweise dafür, daß etwas nicht stimmt.

Haarringe beim Böckchen

Am Geschlechtsteil des Männchens können sich Haarringe bilden, die Sie schnellstens entfernen müssen. Haare und andere Fremdkörper, die an seinem Geschlechtsteil hängenbleiben, führen dazu, daß das Glied gereizt wird und nicht mehr eingezogen werden kann. Hebt das Böckchen immer wieder ruckartig sein Hinterteil und putzt auffällig

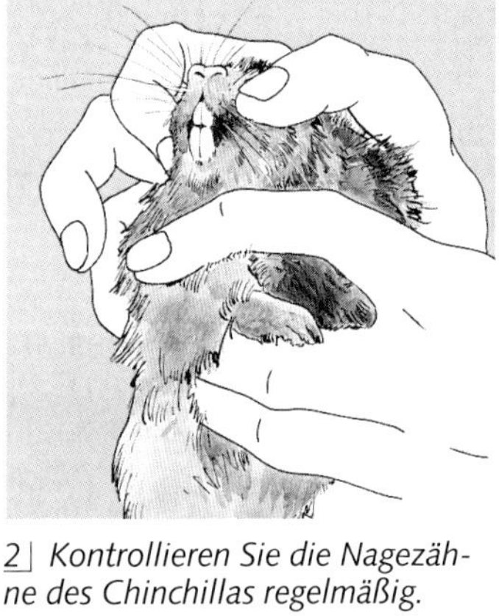

2 Kontrollieren Sie die Nagezähne des Chinchillas regelmäßig.

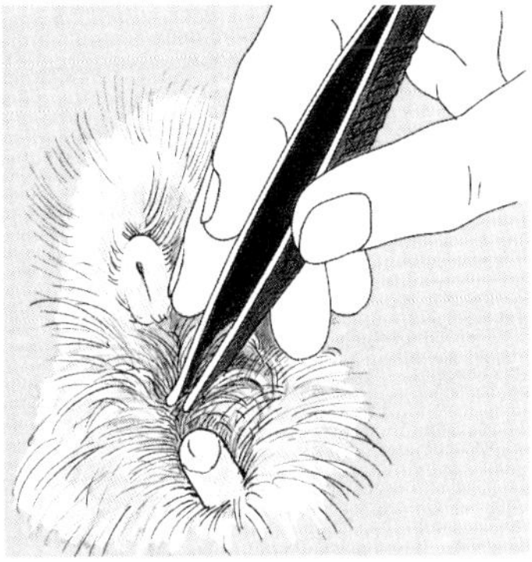

3 | *Haarringe werden mit Hilfe einer stumpfen Pinzette entfernt.*

und eventuell heftig an seinem Glied, dann müssen Sie es untersuchen. Dazu heben Sie es am Schwanzansatz hoch (→ Seite 11).

Zeichnung 3
Haarringe und andere Fremdkörper werden am besten mit einer stumpfen (!) Pinzette entfernt. Zwei Personen tun sich leichter bei dieser Arbeit. Einer hält das Chinchilla fest, der andere entfernt Haarringe oder Fremdkörper. Wenn Sie sich diese Pflegemaßnahme nicht zutrauen, lassen Sie sie von einem Tierarzt ausführen.

Kontrolle des Kots
Wichtig für die Gesundheit des Chinchillas ist die ständige Überwachung seiner Verdauung, denn das Chinchilla hat einen sehr empfindlichen Darm. In seiner südamerikanischen Heimat ist das Nahrungsangebot karg (→ Ernährung, Seite 31). Darauf ist auch der Darm des Tieres eingestellt. In Menschenobhut kann es auf Dauer nur gesund bleiben, wenn es genügend Ballaststoffe bekommt, die besonders in Heu und den speziellen Chinchilla-Pellets (→ Seite 31) enthalten sind. Leider »verführt« ein Chinchilla seinen Besitzer oft dazu, ihm Leckerbissen wie Kuchen oder Kekse zu geben. Das Chinchilla stürzt sich mit Begeisterung auf diese Süßigkeiten und verschmäht sein ihm zuträgliches Futter. Süßigkeiten können – in größeren Mengen verfüttert – zu tödlichen Verdauungsstörungen (→ Krankheiten, Seite 35) beim Chinchilla führen.
Kontrollieren Sie deshalb täglich seinen Kot und achten Sie dabei auf erste Anzeichen einer Verdauungsstörung.

Zeichnung 4
Die Zeichnung zeigt verschiedene Kotformen eines Chinchillas. Die Kotbällchen in der Zeichnung oben rechts und oben links sind normal. Lediglich wenn die Kotbällchen so weich sind, daß sie von dem Chinchilla plattgedrückt werden und grüne Schmierspuren etwa auf dem Sitzbrett hinterlassen, ist das ein Zeichen für Durchfall (→ Seite 35). Der Kot in der Zeichnung unten links zeigt wesentlich kleinere Kotbällchen. Ein Zeichen, daß das Chinchilla an einer Verstopfung leidet. Die Kotform unten rechts ist ein Anzeichen für eine fortgeschrittene Verstopfung (→ Seite 36).

4 | *Die Kotbällchen oben rechts und oben links sind normal. Der Kot unten links zeigt an, daß das Chinchilla an einer Verstopfung leidet. Die Kotbällchen unten rechts sind Anzeichen für eine fortgeschrittene Verstopfung.*

Kontrolle des Ernährungszustandes
Wegen seines dichten Fells kann man, ohne das Chinchilla anzufassen, seinen Ernährungszustand nicht beurteilen. Tasten Sie Ihr Chinchilla regelmäßig am Rücken und am Brustkorb ab, damit Sie frühzeitig merken, ob es zu dünn wird. Ein gesundes Chinchilla fühlt sich schlank an; es hat spürbare Polsterungen auf den Rippen und auf der Wirbelsäule. Wenn Sie die Knochen der Wirbelsäule und die Rippen deutlich spüren, dann ist das Tier zu mager. Zu dick ist ein Chinchilla selten.

Dieses Chinchilla scheut nicht einmal den waghalsigen Balanceakt, um an die Nektarine heranzukommen. Die Neugierde der Chinchillas ist schon fast sprichwörtlich. Einfach alles ist für sie interessant, und alles wird zunächst einmal genau geprüft, ob man es fressen kann.

Gefahren für das Chinchilla

Gefahren	Auswirkungen	Vermeiden der Gefahr
Wasch- und Putzmittel, WC-Reiniger, Chemikalien, Medikamente	Vergiftungen, oft tödlich; Verätzungen; auch bei Aufnahme geringster Mengen (zum Beispiel Inhaltsspuren außen an Behältern und Verschlüssen) oft nicht mehr behebbare Verdauungsstörungen!	Putz- und Waschmittel, Chemikalien und Medikamente gut wegschließen; aufgewischte Böden abtrocknen lassen
gefüllte Badewanne, Eimer und große Vasen	wenn das Chinchilla hineinhüpft und Sie bemerken es nicht, wird es ertrinken	Bad beim Auslauf des Chinchillas geschlossen halten; gefüllte Gefäße abdecken
Elektrokabel	Tod durch Stromschlag beim Annagen; auch gefährlich für den Haustierhalter	Kabel verdeckt verlegen; freiliegende Kabel nicht unter Strom halten
Zimmerpflanzen, Schnittblumen	Vergiftung durch Anbeißen oder Fressen; Verletzungen an Kakteen	Pflanzen unerreichbar aufstellen oder beim Auslauf aus dem Zimmer nehmen
Küche	Verbrennungen durch Kochplatten und beim Springen oder Fallen in Schüsseln, Töpfe, Pfannen, Spülwasser; Verdauungsstörungen durch Lecken an Speiseresten; Verkleben des Fells durch Fette	Küchentür beim Auslauf schließen oder Chinchilla nur in die aufgeräumte Küche lassen
Obstteller, »bunte Teller«, Zwiebeln und Knoblauch	Verdauungsstörungen, wenn das Chinchilla daran nascht	Teller und Gefäße in Schränken verwahren oder beim Auslauf aus dem Zimmer nehmen
Hund, Katze (Besuchertiere)	Bißverletzungen, Schock oder gar Tötung des Chinchillas	beim Auslauf des Chinchillas andere Tiere am besten fernhalten
Türen, Schranktüren	Verletzungen durch Einklemmen; Einschließen; Entweichen	Chinchilla beobachten, wenn Türen oder Schranktüren benutzt werden
volle Aschenbecher	Vergiftungen durch Tabak und Asche	keine vollen Aschenbecher stehen lassen
Heizgeräte, Heizsonnen	Verbrennungen beim Draufhüpfen	vor dem Auslauf Geräte abschalten und auskühlen lassen
gebeiztes und lackiertes Holz	Unverträglichkeit oder Vergiftung nach Benagen	das Benagen unbedingt verhindern! Das Chinchilla ablenken
Textilien, Kunststoffe, Plastiktüten	Unverträglichkeit, Darmverschluß oder Vergiftung nach Benagen; Ersticken	keine gefährlichen Materialien frei zugänglich liegen lassen

Wenn das Chinchilla an einer Putzmittelflasche leckt, kann es sich tödlich vergiften.

Die richtige Ernährung

Wie sich Chinchillas in der Natur ernähren

In ihrer südamerikanischen Heimat ernähren sich die Chinchillas von Steppengräsern, Früchten, Blättern und der Rinde kleiner Sträucher und Büsche. Außerdem dienen ihnen einige Kakteenarten als Nahrung, deren Wurzeln, Stämme, Blätter und fleischiges, wasserreiches Innere sie verzehren. Besonders beliebt sind die wohlschmeckenden Guillaves, die Früchte des Quisco, eines in von Chinchillas bewohnten Gebieten weit verbreiteten Kaktus. Seine Stämme, die wie Finger in den Himmel ragen, sind von zahlreichen Stacheln bedeckt und können eine Höhe von 4 bis 5 m erreichen. Im Inneren hat dieser Kaktus eine holzartige Röhre, die ihm die aufrechte Form verleiht. Seine Früchte fallen zu Boden, wenn sie reif sind. Oft können die Chinchillas diesen Zeitpunkt aber nicht abwarten, um an den beliebten Leckerbissen zu kommen. Sie nagen die Wurzeln des Quisco an, gelangen in sein inneres holzartiges Röhrensystem, klettern innen hoch und nagen in verschiedenen Höhen Fenster durch den Stamm und dessen Rinde und kommen so an die begehrten Früchte. In der Nähe von Chinchilla-Kolonien gibt es Kakteen, die auf diese Weise vollkommen durchlöchert sind. Ihren Flüssigkeitsbedarf decken Chinchillas mit dem morgendlichen Tau auf dem Gras und dem Wasser, das in der Nahrung enthalten ist. Der Darm des Chinchillas ist auf die karge Nahrung seiner Heimat eingerichtet. Nur wenn das Chinchilla genügend Ballaststoffe bekommt – durch Verfüttern von Heu und Pellets – kann es auf Dauer in der Obhut des Menschen gesund bleiben. Leider gewöhnen Chinchillas sich schnell an, die Leckerbissen dem Futter vorzuziehen, das gesund und zuträglich für sie ist. Alle fett- und ölhaltigen Futtermittel wie Nüsse und Sonnenblumenkerne werden liebend gerne angenommen, ebenso Rosinen und Süßigkeiten, Kuchen und Kekse. Diese Futtermittel haben zu wenig Ballaststoffe. Sie dürfen nur in kleinsten Mengen gegeben werden, sonst sind sie schädlich (→ Verstopfung, Seite 36). Ein nachgiebiger und undisziplinierter Besitzer wird leicht in Versuchung geführt, sein Tier zu Tode zu füttern.

Das Grundfutter

Als Grundfutter haben sich die Spezial-Chinchilla-Pellets, Heu und Wasser bewährt.

Pellets: Die Pellets, ein Spezialfutter für Chinchillas, sind kleine, grüne Stäbchen, aus gemahlenen Getreidesorten und Heu gepreßt, zusätzlich werden Vitamine und Mineralstoffe (→ Seite 32) beigemengt. Dieses Chinchilla-Spezialfutter erhalten Sie nur im Zoofachhandel. Es gibt keine andere gleichwertige Grundnahrung für Chinchillas. Häufig werden Kaninchen-Pellets als Ersatz angeboten. Doch die Pelztierzucht hat gezeigt, daß eine längere Verfütterung von Kaninchen-Pellets beim Chinchilla Leberschäden verursacht.

Mein Tip: Achten Sie beim Kauf auf das Herstellungsdatum. Pellets sollten nicht älter als 4 Monate sein, wenn sie ver-

Als Heimtier entwickelt sich ein Chinchilla schnell zum »Leckermäulchen«, das mit Vorliebe Süßigkeiten wie etwa Kuchen und Kekse verspeist. Doch Vorsicht, zuviele Leckerbissen sind äußerst unzuträglich für die Gesundheit Ihres Chinchillas. Das Tier bekommt davon Verdauungsstörungen, die in vielen Fällen tödlich enden.

Heu gehört zum Grundfutter für Chinchillas. Achten Sie auf eine trockene Lagerung des Heus. So vermeiden Sie, daß sich Schimmelpilze bilden, die beim Chinchilla gefährliche Durchfälle verursachen.

füttert werden, sonst sind die Vitamine nicht mehr wirksam. Kaufen Sie lieber öfter und kleinere Mengen Pellets.
Heu: Es sollte gut abgelagert und trocken sein. Trockenheit ist beim Heu oberstes Gebot! Wichtig ist auch, daß während der Lagerung keine Schimmelpilze entstehen. Schimmelpilze rufen beim Chinchilla gefährliche Durchfälle hervor. Günstig für die Lagerung ist eine Verpackung mit Luftlöchern.
Gut geeignet ist Kaninchen-Heu, das Sie im Zoofachhandel bekommen. Bevor Sie das Heu verfüttern, riechen Sie daran, um zu prüfen, ob es feucht oder schimmelig geworden ist. Ein gut gelagertes Heu riecht würzig – nach meinen Empfindungen tabakartig – auf gar keinen Fall aber muffig oder schimmelig. Feucht gewordenes Heu können Sie leicht an der Sonne, im Winter an der Heizung trocknen, so daß Sie es krachend-dürr verfüttern können. Aber nur, wenn es nach dem Trocknen nicht muffig riecht.

Trinkwasser
Das Trinkwasser muß täglich frisch gegeben werden. Es sollte Zimmertemperatur haben. In den meisten Großstädten enthält das Trinkwasser Chlor. Dieses Leitungswasser muß abgekocht werden. Mengen Sie dem Tinkwasser Obstessig bei, und zwar einen halben Teelöffel auf einen Viertelliter Wasser. Der Obstessig ist appetitanregend und gesund für die Darmflora. Sollte der Obstessig bei Ihrem Tier eine abführende Wirkung haben, besser weglassen!

Leckerbissen
Bei der Zähmung des Chinchillas und bei der täglichen Beschäftigung mit ihm ist es wichtig, daß man ihm zum Heranlocken besonders beliebtes Futter anbietet. Leider darf man alles Geeignete und Begehrte nur in äußerst begrenzten Mengen geben (→ Kontrolle des Kots, Praxis-Seite 27). Als Leckerbissen kommen in Frage: Täglich ein kleines Stück Apfel oder Karotte, einzelne Rosinen oder eine halbe Hasel- oder Erdnuß. Nüsse und Rosinen nur in geringsten Mengen verfüttern. Gut geeignet sind auch getrocknete und zerkleinerte Hagebutten (im Reformhaus erhältlich), die Sie dem Chinchilla auf der flachen Hand anbieten. Als Leckerbissen sind Waldkräuter ebenfalls sehr beliebt. Es gibt im Zoofachhandel eine Waldkräutermischung eigens für Chinchillas. Gelegentlich können Sie dem Tier auch ein kleines Stück hartes Weißbrot oder Brötchen anbieten. Die im Handel angebotenen Knabberstangen und -herzen für Chinchillas mit Sonnenblumenkernen und Nüssen halte ich für sehr unzuträglich.

Vitamine und Mineralstoffe
Viele Vitamine und Mineralstoffe sind bereits im Grundfutter enthalten. Zusätzlich braucht das Chinchilla Kalk. Man kann Vitakalk über die Pellets im Futternapf streuen; dieses Kalkpräparat bekommen Sie im Zoofachgeschäft. Neuerdings gibt es auch Kalktabletten speziell für Chinchillas. Ich gebe zweimal pro Woche, mit einigen Tagen Abstand, jedem Chinchilla eine halbe Tablette Calcipot D. Die muß der Tierarzt verschreiben. An den übrigen Tagen geben Sie ihm eine halbe Tablette Calcipot oder Calcipot C (aus der Apotheke). Diese Tabletten versorgen Ihr Chinchilla mit Kalk und zusätzlichen Vitaminen (als Tierärztin habe ich damit die besten Erfahrungen gemacht). Unterstützend für die Kalkversorgung ist ein Mineralstein aus dem Zoofachhandel.

Dieses Chinchilla hat sich neugierig über das Wollknäuel hergemacht.

Acht Fütterungsregeln

1. Versorgen Sie Ihr Chinchilla abends, wenn es munter wird, mit der Grundnahrung wie Pellets, Heu und Trinkwasser.
2. Tagsüber sollte dem Chinchilla nur Heu zur Verfügung stehen. Das erwachsene Chinchilla frißt normalerweise die Pellets im Laufe der Nacht.
3. Erwachsenen Chinchillas einen leicht gehäuften Eßlöffel Pellets in den Futternapf und ein bis zwei Handvoll Heu in die Heuraufe geben.
4. Bei viel Auslauf, Trächtigkeit und in der Säugezeit muß die Pelletmenge auf $1\frac{1}{2}$ Eßlöffel erhöht werden.
5. Finden Sie bei einem gesunden Chinchilla morgens noch Pellets oder verschmähtes Heu vor, Pelletmenge reduzieren (nicht die Heumenge!).
6. Jungtieren während der Aufzucht (bis zu 3 Monaten) morgens und abends je einen halben Teelöffel Pellets geben. Bis zum Alter von 6 Monaten Pellet-Ration auf Erwachsenen-Portion steigern. Dabei morgendlichen Anteil verringern und die abendliche Hauptmahlzeit auf den gehäuften Eßlöffel Pellets steigern.
7. Jungtiere bekommen morgens und abends soviel Heu wie sie mögen.
8. Leckerbissen während der »Spielstunde« beim Auslauf geben.

Mein Tip: Plötzliche Änderungen in der Zusammensetzung des Futters können beim Chinchilla zu Verstopfung oder Durchfall führen. Futterumstellungen nur über Wochen hinweg vornehmen. Dabei nach und nach größere Anteile des neuen Futters unter das gewohnte mischen.

In der Heuraufe, die im Inneren des Käfigs befestigt wird, bleibt das Heu sauber.

Schädliche Nahrung

Ich habe es in meiner tierärztlichen Praxis immer wieder erlebt, daß Chinchillas mit Papageienfutter und Nüssen, sogar mit Hamsterfutter ernährt werden. Ich möchte nochmals darauf hinweisen, daß Chinchillas dieses Futter gerne nehmen, es sogar dem geeigneten Futter vorziehen. Aber sie vertragen es nicht! Manchmal stellt sich diese Unverträglichkeit erst nach längerer Zeit heraus, aber dann kann es bereits zu spät und das Chinchilla schwer erkrankt sein. Chronische Verstopfung, Leberschäden mit starker Abmagerung und vorzeitigem Tod sind die nicht mehr aufzuhaltenden Folgen. Ebenso möchte ich vor Grünfutter warnen. Einzelne Halme oder kleine Blätter von Gras, Salat oder Löwenzahn können zuträglich sein. In größeren Mengen aber ist Grünfutter ungesund, das hat das Experimentieren in der Anfangszeit der Chinchillazucht gezeigt.
Gewarnt werden muß auch vor dem im Herbst geernteten Heu der zweiten und dritten Mahd. Es muß unbedingt auf Blätter der hochgiftigen Herbstzeitlosen hin kontrolliert werden.
Heu von Waldwiesen ist ebenfalls nicht geeignet, denn es kann giftige Farne enthalten.

Was tun, wenn das Chinchilla krank wird?

Vorbeugung ist die beste Medizin
Grundsätzlich sind Chinchillas recht widerstandsfähige Tiere. Richtig gehalten und ernährt werden sie selten krank. Damit Ihr Chinchilla gesund bleibt, müssen Sie einige Grundregeln beachten.

- Ein Chinchilla braucht tagsüber absolute Ruhe. Es muß in seinem Schlafhäuschen gänzlich ungestört schlafen können. Bei andauernden Störungen am Tag wird es nervös und hektisch (→ Krämpfe, Seite 37).
- Plötzliche Änderungen in der Zusammensetzung des Futters können zu Durchfall führen. Wenn möglich, Änderungen über einige Wochen hinweg vornehmen (→ Fütterungsregeln, Seite 34).
- Täglich die Kotbällchen kontrollieren (→ Praxis-Seite 27). Bei ersten Anzeichen von Durchfall oder Verstopfung das Tier sofort behandeln.
- Regelmäßig Rücken und Brustkorb abtasten, um den Ernährungszustand zu prüfen (→ Seite 27).
- Beim Verfüttern von Chinchilla-Pellets auf das Haltbarkeitsdatum achten (→ Seite 31).
- Kein feuchtes oder schimmeliges Heu verfüttern (→ Seite 32).
- Auf dem Boden liegendes Heu täglich aus dem Käfig nehmen. Verunreinigtes Heu führt zu Durchfall.
- Trinkwasser täglich erneuern und die Wasserflasche reinigen (→ Seite 23).
- Regelmäßig frisches Nagematerial in den Käfig geben (→ Seite 18). Damit kann das Chinchilla sich beschäftigen und seine ständig nachwachsenden Nagezähne abnutzen.

Die häufigsten Krankheiten des Chinchillas
Trotz umsichtiger Pflege kann es passieren, daß ein Chinchilla krank wird. Vielleicht war es bereits mit einem Krankheitserreger infiziert, bevor es zu Ihnen kam oder aber es hat bei seinem Auslauf im Zimmer etwas Unbekömmliches erwischt. Hier eine Auswahl der häufigsten Krankheiten. Weitere Informationen finden Sie in der Fachliteratur auf Seite 63.

Durchfall
Krankheitszeichen: Weiche Kotbällchen, die auf der Unterlage (zum Beispiel Sitzbrett) kleben bleiben und einen grünlichen oder bräunlichen Schmierfilm hinterlassen.
Mögliche Ursachen: Feuchtes oder schimmeliges Heu; Algen in der Trinkflasche; zu viel Grünfutter; unverträgliche Grünpflanzen; Aufnahme giftiger Stoffe (wie Putz- und Waschmittel); plötzliche Futterumstellung; »Überfressen« bei Jungtieren.
Behandlung: Für ein bis zwei Tage Pellets weglassen, morgens und abends eine viertel harte, alte Weizenmehlsemmel füttern und sehr wenig Heu geben. Wenn der Kot wieder geformt ist (→ Zeichnung, Seite 38), früh und abends einige einzelne Pellets dazugeben; Heumenge langsam erhöhen und den Semmelanteil verringern. In der Regel kann man innerhalb einer Woche zur normalen Pelletmenge zurückgehen und danach wie gewohnt füttern. Die Sitzbretter müssen täglich vom Kot gereinigt und mit klarem Wasser gründlich

Von Natur aus sind Chinchillas wenig krankheitsanfällig. Am besten beugen Sie einer Krankheit Ihres Chinchillas vor, indem Sie es artgerecht halten und richtig ernähren. Dann ist eine Erkrankung des Tieres praktisch ausgeschlossen, es sei denn, es war bereits mit einem Krankheitserreger infiziert, bevor es zu Ihnen kam.

Da unten liegt eine Rosine.

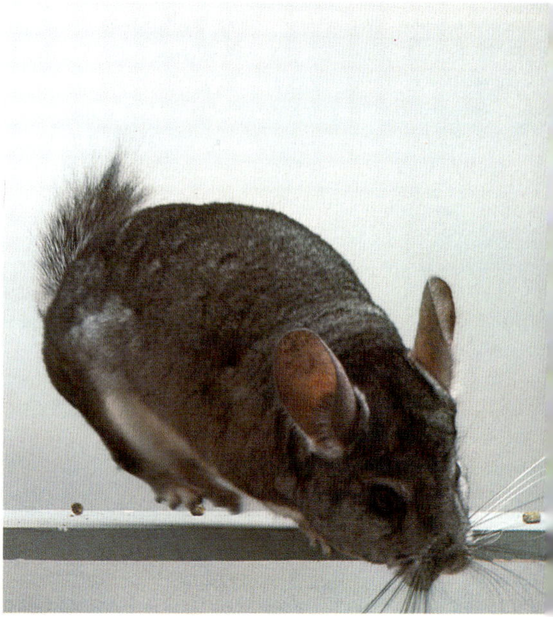

Sie zieht das Chinchilla magisch an.

abgescheuert werden, die Einstreu muß täglich erneuert werden. Tritt eine Besserung nicht ein, ist das Tier aber bei gutem Allgemeinbefinden, dann geben Sie ihm statt Trinkwasser Kamillen- oder Fencheltee.
Vorbeugung: Kontrollieren Sie das Heu auf Feuchtigkeit und Schimmelbildung. Reinigen Sie die Wasserflasche und das Trinkröhrchen regelmäßig. Achten Sie darauf, daß Jungtiere sich nicht überfressen.
Ist das Tier deutlich krank, apathisch, hockt in einer Ecke und frißt nicht, ist der Durchfall flüssig-schleimig, müssen Sie sofort zum Tierarzt gehen. Nehmen Sie eine Kotprobe zur Untersuchung mit.

Verstopfung

Krankheitszeichen: Immer kleiner werdende Kotbällchen (→ Zeichnung, Seite 38); Trägheit; Freßunlust.
Mögliche Ursachen: Zu viel Leckerbissen; falsche Ernährung mit Papageien- oder Hamsterfutter; Bewegungsmangel.
Behandlung: Alle Leckerbissen absetzen. Geben Sie eine Messerspitze Karlsbader Salz (aus der Apotheke) auf einen Viertelliter Trinkwasser. Einem eingewöhnten zahmen Chinchilla lassen Sie abends länger Auslauf.
Werden die Kotbällchen zunehmend kleiner, bleibt das Chinchilla träge und freßunlustig, dann müssen Sie mit ihm zum Tierarzt. Sonst kann es eine Darmlähmung bekommen, die sehr schnell zum Tod des Tieres führt.
Vorbeugung: Überfüttern Sie Ihr Tier nicht und geben Sie ihm nicht zu viele Leckerbissen (→ Fütterungsregeln, Seite 34). Lassen Sie Ihr Tier täglich so lange frei herumlaufen, bis es seinen Bewegungsdrang abreagiert hat.

Nur ein Sprung führt zu dem begehrten Leckerbissen.

Krämpfe
Krankheitszeichen: Muskelzittern, Muskelkrämpfe, Verrenkungen oder vorübergehende Bewegungsunfähigkeit.
Mögliche Ursachen: Kalk- oder Vitamin-B-Mangel; Streß, oft bei trächtigen Weibchen.
Behandlung: Gehen Sie sofort zum Tierarzt. Bei Vitamin-B-Mangel haben sich Injektionen bewährt. Erhöhen Sie die Kalkzufuhr auf täglich eine ganze Tablette. Als Tierärztin habe ich die besten Erfahrungen mit Calcipot (aus der Apotheke) gemacht. Das Tier muß tagsüber besonders sorgfältig von jedem Lärm abgeschirmt werden.
Vorbeugung: Geben Sie Ihrem Chinchilla täglich eine halbe Tablette Calcipot (→ Seite 32). Achten Sie darauf, daß die Pellets nicht zu alt oder falsch gelagert sind (→ Seite 31). Sorgen Sie für störungsfreie Tagesruhe des Tieres.

Hautpilze
Krankheitszeichen: Löcher im Fell; Krusten, Schuppen, Borken und Grind an der Nase und um die Augen; innerhalb weniger Tage breiten sich diese Stellen über den Kopf und andere Körperpartien aus.
Mögliche Ursachen: Hautpilze sind in unserer Umwelt sehr verbreitet. Unsaubere Haltung des Chinchillas oder der Zukauf eines Tieres aus einem fremden Bestand erhöhen die Ansteckungsgefahr.
Behandlung: Hautpilzerkrankungen müssen sofort vom Tierarzt behandelt werden. Hautpilzbefall kann mit Tabletten und Zusätzen zum Badesand geheilt werden. Eine Laboruntersuchung ist notwendig, wenn es sich um ein neu erworbenes Tier handelt – es ist wichtig, daß man sofort Hautpilze erkennt, die auf den Menschen und andere Heimtiere übertragbar sind.

Zu den Bildern:
Chinchillas springen wie Känguruhs mit ihren kräftig entwickelten Hinterbeinen. Der Schwanz dient beim Springen als Steuerruder. Streckt das Chinchilla den Schwanz während des Springens nach hinten, hält er es in der Luft im Gleichgewicht.

Vorbeugung: Saubere und hygienische Haltung des Chinchillas. Geben Sie häufiger eine Messerspitze Euformalpuder (aus der Apotheke) in den Badesand.

Augenentzündung

Krankheitszeichen: Milchig-wäßriger Augenausfluß; die Umgebung des erkrankten Auges ist naß und verklebt; getrockneter Ausfluß sieht aus wie Zuckerguß; das Auge schwillt zu.
Mögliche Ursachen: Sandkörner oder andere Fremdkörper, auch kleine Verletzungen können zu einer Bindehautentzündung führen.
Behandlung: Gehen Sie zum Tierarzt. Er wird eine antibiotische Salbe verschreiben.
Vorbeugung: Bei dem geringsten Augenausfluß das Sandbad eine Woche lang aussetzen.

Wenn Ihr Chinchilla an einer Verstopfung leidet, können Sie das an der Kotform erkennen. Die Kotbällchen oben sind normal. Die unteren Kotbällchen sind wesentlich kleiner und zeigen eine Verstopfung an.

Erkältung

Krankheitszeichen: Wäßriger oder eitriger Nasenausfluß; Schweratmigkeit.
Mögliche Ursachen: Zugluft; zu hohe Luftfeuchtigkeit; Streß bei Transporten und bei Umgebungswechsel.
Behandlung: Das Tier muß zum Tierarzt gebracht werden, der geeignete Medikamente verabreicht oder an Sie abgibt. Das Chinchilla besonders gut abschirmen, Zugluft und Streß unbedingt vermeiden.
Vorbeugung: Den Käfig nicht in die Zugluft stellen; das Chinchilla nicht in feuchten Räumen halten; unnötige Transporte vermeiden.

Infektionskrankheiten

Krankheitszeichen: Freßunlust; Durchfälle; einhergehend mit fortschreitender Abmagerung; Müdigkeit.
Mögliche Ursachen: Es kommen Krankheiten vor, verursacht durch Viren oder Bakterien, die auch bei anderen Tierarten auftreten. Die Krankheitserreger sind überall in unserer Umwelt – ein durch Haltungs- und Fütterungsfehler geschwächtes Chinchilla ist besonders anfällig. Ein gesundes Tier erkrankt dagegen nicht.
Behandlung: Gehen Sie zum Tierarzt, der die Krankheit feststellt und geeignete Medikamente verabreicht.
Vorbeugung: Richtige Haltung, Pflege und Fütterung stärken die Abwehrkräfte gegen Infektionskrankheiten.

Abgebrochene und anormal gewachsene Nagezähne

Krankheitszeichen: Das Chinchilla frißt langsamer als gewöhnlich, läßt angebissene Pellets fallen; Speichelfluß aus der Schnauze, das Chinchilla »sabbert«; unnatürliche Stellung der Nagezähne, zu lange Nagezähne. Nicht zu verwechseln mit Zahnanomalien der Backenzähne.
Mögliche Ursachen: Kalkmangel bei der Aufzucht; zu wenig Nagematerial; Unfall – abgebrochene Nagezähne sind anormal nachgewachsen.
Behandlung: Schadhafte Nagezähne muß der Tierarzt behandeln. Abgebrochene und anormal nachgewachsenen Nagezähne müssen in kurzen Zeitabständen gekürzt werden. Bei allen Zahnerkrankungen Ernährungszustand ständig kontrollieren – am besten wöchentlich auf einer Küchenwaage. Wenn das Chinchilla trotz aller Bemühungen langsam aber ständig abnimmt, sollten Sie das Einschläfern erwägen, damit das Tier sich nicht weiter quälen muß.
Vorbeugung: Ausreichend Kalkzufuhr bei der Aufzucht (→ Vitamine und Mineralstoffe, Seite 32); immer wieder frisches Nagematerial in den Käfig geben; Unfällen (bei Sprüngen aus zu großer Höhe, beim Einklemmen in der Tür, beim Drauftreten) vorbeugen (→ Gefahrentabelle, Seite 30).

Gesundheitskontrolle

	Gesund	Krank
Fell	gleichmäßig dicht, weich und »duftig«	Haarbruch und Haarausfall, »schütter«, Löcher im Fell; schuppige und krustige Fellpartien, eventuell die Haut sichtbar; insgesamt fettig und verklebt oder stark verschmiert
Nase	trocken und sauber	Verletzungen; Nasenfluß; Borken und Krusten
Nagezähne	gelb-orange, die unteren länger als die oberen	weißlich oder brüchig durchscheinend; Stellung und Länge von gesunder Stellung abweichend (→ Zeichnung, Seite 26)
Augen	klar und glänzend; Umgebung der Augen trocken und sauber	Verletzungen; Trübung der Hornhaut; wäßriger oder weißlich-klebriger Ausfluß; Haarausfall, schuppig-krustige Hautveränderungen in der Umgebung des Auges
Ohren	sauber; glatte Ohrränder ohne Belag	Verletzungen; Schuppen, Krusten und Borken an den Ohrrändern oder am ganzen Ohr; gelbliche Verfärbung der Haut
After	sauber	Aftergegend und Unterseite des Schwanzes verschmiert oder verschmutzt
Kot	geformt (→ Seite 27); Sitzbretter sauber	weich, schmierig oder schleimig; Sitzbretter verschmutzt; Kot zu klein
Ernährungszustand	Ein Chinchilla fühlt sich schlank an, jedoch mit spürbaren Polsterungen auf den Rippen der Wirbelsäule	Bei Abmagerung Knochen der Wirbelsäule und der Rippen skelettartig spürbar

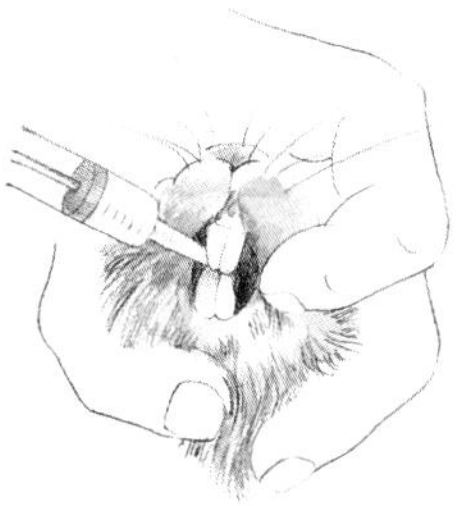

Ein Medikament kann man mit einer Einwegspritze (ohne Nadel) seitlich hinter den Nagezähnen eingeben. Umfassen Sie mit einer Hand den Kopf des Tieres und heben Sie die Oberlippen. Ziehen Sie dann mit der anderen Hand die unteren Lippen etwas nach unten. Den Kolben der Spritze langsam hinunterdrücken, damit sich das Chinchilla nicht verschluckt.

Die ungestörte Tagesruhe ist für Chinchillas eine notwendige Voraussetzung, um Krankheiten zu verhindern. Tiere, die tagsüber ständig gestört werden, stehen permanent unter Streß.

Anomalie der Backenzähne
Krankheitszeichen: Ähnliche Krankheitszeichen wie bei Anomalien der Nagezähne; langsames Fressen, übertriebenes Kauen, »Sabbern«, unnatürliches Wachstum der Nagezähne.
Ursache: Angeborene fehlerhafte Zahnanlage; unregelmäßige Abnutzung der Backenzähne; Zacken an den Backenzähnen reizen die Zunge oder die Backenschleimhaut. Die Nagezähne können nicht mehr abgenutzt werden, sie werden zu lang und führen zur »Maulsperre«.
Behandlung: Die Zacken an den Backenzähnen müssen vom Tierarzt in Narkose abgezwickt oder abgeschliffen werden, ebenso die Nagezähne. Da die Zacken ständig nachwachsen und das Tier quälen, muß man das Einschläfern in Erwägung ziehen.
Vorbeugung: Die fehlerhafte Zahnanlage der Backenzähne kann vererbt werden. Tiere mit dieser Anlage nicht zur Zucht verwenden.

Verletzungen
Krankheitszeichen: Offene Wunden
Mögliche Ursachen: Bisse, Risse an Nägeln oder scharfen Kanten, Quetschungen in Türen oder Fenstern.
Sofortmaßnahmen: Betupfen Sie offene Wunden mit einem Wunddesinfektionsmittel (»Merfen«) und tragen Sie einen Wundpuder auf. Einen Verband duldet das Chinchilla in der Regel nicht.
Behandlung: Die Wunde muß sofort tierärztlich versorgt werden.
Vorbeugung: Verletzungsgefahren beseitigen (→ Gefahrentabelle, Seite 30).

Knochenbrüche
Krankheitszeichen: Bewegungsstörung, fehlende Belastungsfähigkeit von Gliedmaßen, unnatürliche Haltung von Gliedmaßen; bei offenen Brüchen sind Knochenteile sichtbar.
Mögliche Ursachen: Unfälle verschiedenster Art.
Sofortmaßnahme: Das Chinchilla in einen kleinen, geschlossenen Behälter (Pappschachtel, Holzkasten) setzen und zum Tierarzt bringen.
Behandlung: Nur durch den Tierarzt! Das Tier behält eventuell eine leichte Bewegungsstörung zurück. Kann der Bruch nicht geheilt werden, muß das Tier eingeschläfert werden.

Der Ziegenrücken als extremes Krankheitsanzeichen
Anzeichen: Extreme Abmagerung, eingefallener Nacken und steiler Rücken beim sitzenden Tier (→ Zeichnung 42). Eine fortschreitende Abmagerung können Sie auf einer Küchenwaage ermitteln: Auch wenn das Tier frißt, ist eine Gewichtsabnahme von 20 bis 40 g pro Woche alarmierend.
Mögliche Ursachen: Chronische Erkrankungen wie Leberschäden, Darmentzündung durch falsche Haltung und vor allem durch falsche Fütterung.
Behandlung: Krankheitsursache durch den Tierarzt feststellen lassen. Vielleicht kann dem Tier durch eine veränderte, artgerechte Fütterung geholfen werden.

Die Vorderpfoten des Chinchillas sind im Gegensatz zu den kräftigen Hinterbeinen unterentwickelt. Dafür setzt das Chinchilla die Vorderpfoten beim Aufnehmen von Nahrung sehr geschickt als »Hände« ein.

Vorbeugung: Richtige Haltung und Fütterung sind Voraussetzungen, die schweren Erkrankungen zu verhindern, die zum Ziegenrücken führen. Achten Sie auf die Tagesruhe für Ihr Tier, vermeiden Sie Streß. Geben Sie Ihrem Tier ausreichend Auslauf (→ Seite 22). Verfüttern Sie nie zu viele Leckerbissen und vor allem kein falsches Futter (→ Seite 34). Achten Sie auf erste Anzeichen einer Darmerkrankung.

Fellbeißen

Das Fellbeißen des Chinchillas am eigenen Körper oder bei Artgenossen deutet daraufhin, daß das Tier verhaltensgestört ist.
Anzeichen: Löcher im Fell, das Benagen selbst kann man meist nicht beobachten.
Mögliche Ursachen: Streß durch unterschiedlichste Faktoren – ungewohnte Geräusche, besonders während der Schlafenszeit tagsüber (anhaltendes Bellen eines neuen Hundes in der Nachbarschaft, Baustellenlärm, laute Reparaturen im Haus). Überbesetzte Käfige:

Der Ziegenrücken ist ein auffallendes Krankheitszeichen für Leberschäden und Darmerkrankungen.

Auch wenn sich die Tiere zu vertragen scheinen, brauchen sie genügend Raum; selbst zwischen Käfignachbarn kann es zu Spannungen kommen, die Fellbeißen verursachen. Es werden jedoch auch Störungen im Hormonhaushalt des Chinchillas als Ursache für das Fellbeißen vermutet.
Behandlung: Sorgen Sie für streßfreie Haltung des Tieres. Überlegen Sie sich genau, welche Veränderungen in der Umgebung des Tieres in den letzten Wochen aufgetreten sein könnten: neue Geräusche, neue Heimtiere oder ähnliche Störungen. Diese Streßfaktoren, die Sie als Störung für das Chinchilla vermuten, müssen Sie von ihm fernhalten.
Vorbeugung: Achten Sie von Anfang an darauf, ob sich zusammen in einem Käfig gehaltene Tiere vertragen. Sorgen Sie für einen großen Käfig, wenn Sie Chinchillanachwuchs planen. Kontrollieren Sie immer wieder das Fell auf Löcher. Bei den ersten Anzeichen von Fellbeißen müssen Sie sofort reagieren.

Bewegungsstereotypien

Anzeichen: Wie ein Tiger im Käfig läuft das Chinchilla auf einem Sitzbrett hin und her; links oder rechts an der Käfigwand angekommen, macht es Anstalten herunterzuspringen – es springt jedoch nicht, sondern setzt sein eiliges Hin- und Herlaufen fort.
Mögliche Ursachen: Der Käfig bietet zu wenig Raum zum Laufen und für abwechslungsreiche Sprünge.
Behandlung und Vorbeugung: Setzen Sie das Chinchilla in einen größeren Käfig mit mehr Sitzbrettern und Kletterästen; geben Sie ihm täglich abends Auslauf und beschäftigen Sie sich dabei mit ihm.

Wenn Chinchillas Nachwuchs bekommen

Gedanken zum Nachdenken

Ein neugeborenes Chinchilla ist kaum größer als eine Streichholzschachtel und dennoch schon ein vollendetes Abbild seiner Eltern. Seine Entwicklung und das Verhalten der Elterntiere gegenüber ihrem Jungen zu beobachten, gehört für die meisten Tierfreunde zu den schönsten Erlebnissen mit ihrem Heimtier. Doch wenn Sie von Ihren Chinchillas Nachwuchs haben wollen, müssen Sie vorher einiges bedenken:

- Für die Haltung eines Chinchilla-Pärchens – oder gar einer kleinen Kolonie – brauchen Sie einen besonders großen Käfig (→ Seite 15).
- Das Schlafhaus im Käfig muß so groß sein, daß die Mutter und ihre Jungen darin bequem Platz finden. Auch sollte das Schlafhaus – bis auf das Einschlupfloch – nach allen Seiten geschlossen sein.
- Wenn Sie nur einmal Nachwuchs haben wollen, dann müssen Sie das Böckchen vor der Geburt aus dem Käfig nehmen, sonst wird das Weibchen gleich nach der Geburt wieder gedeckt.
- Einen Bock nur zum Decken zu einem Weibchen zu setzen, ist schwierig. Es kann Wochen oder gar Monate dauern, bis es »klappt«.
- Überlegen Sie sich gut, ob Sie das Zuchtpärchen ständig beieinander lassen. Nach mehreren Geburten (bis zu drei im Jahr) hat auch das stärkste Weibchen eine Pause verdient.
- Nach mehreren Geburten werden Sie bald keinen Platz mehr für den Nachwuchs haben. Kümmern Sie sich zeitig um die Unterbringung der Jungtiere.

Das richtige Pärchen

Jungtiere: Wollen Sie sich ein Pärchen anschaffen, um später Nachwuchs zu haben, ist es am einfachsten, die Tiere als Jungtiere zum Sich-Kennenlernen zusammenzubringen. Aber Vorsicht, das Weibchen darf nicht zu jung gedeckt werden. Die Geschlechtsreife, also die erste Hitze, tritt zwar schon im Alter von 4 bis 5 Monaten auf. Das ist zur Zucht aber zu früh, da das Tier noch nicht ausgewachsen ist. Das Weibchen sollte 8 bis 9 Monate alt sein, bevor man es decken läßt. Am besten hält man die Tiere in zwei nebeneinanderstehenden Käfigen, bis das Weibchen alt genug ist zur Zucht.

Wenn das Weibchen nicht hitzig ist (→ Brunstanzeichen, Seite 44), kann man die Tiere beim Auslauf zusammenlassen.

Erwachsene Tiere: Schwieriger kann es werden, wenn Sie ältere Tiere zusammenbringen wollen. Halten Sie die beiden in getrennten Käfigen und stellen Sie die Käfige nebeneinander. So können sich die Tiere kennenlernen. Wenn Sie den Eindruck haben, daß sich die beiden vertragen, dann setzen Sie das Böckchen in den (möglichst großen) Käfig des Weibchens. Das Weibchen wird am Anfang vielleicht etwas »spröde« reagieren, aber in der Regel vertragen sich die beiden nach einiger Zeit.

Ein jüngeres und ein älteres Tier: Ein junges Böckchen ist einem älteren Weibchen gegenüber weniger aufdringlich als ein älteres Böckchen. Ein solches Pärchen kann man leichter zusammenstellen als zwei erwachsene Tiere. Sie

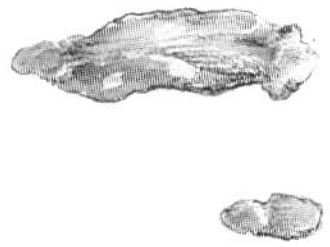

Der Deckpfropfen (oben) ist ein sicheres Anzeichen für eine erfolgte Paarung. Den Brunstpfropfen (unten) stößt das Weibchen zu Beginn der Brunst aus der Scheide aus.

Chinchillababys sehen aus wie das Abbild ihrer Eltern in Miniformat. Schon wenige Stunden nach der Geburt folgen sie der Mutter überall hin nach. Wenige Tage alt klettern sie sogar schon am Käfiggitter empor und hüpfen auf niedrige Hindernisse.

Das quicklebendige Chinchilla-Baby ist seiner Mutter entwischt.

gewöhnen sich schneller aneinander. Stellen Sie zunächst wiederum die Tiere in getrennten Käfigen nebeneinander, damit sie sich kennenlernen, bevor Sie das Böckchen zum Weibchen setzen.

Mein Tip: Sollten bei der Zusammenstellung eines Paares wirklich einmal trotz langsamen Kennenlernens ernsthafte Unverträglichkeiten zu beobachten sein, sollte man die Tiere trennen.

Wer nicht mit wem darf: Der Letalfaktor

Bestimmte Farbkombinationen (→ Seite 47) sind nicht für die Zucht geeignet. Von einem Pärchen Black Velvets oder einem Pärchen Brown Velvets können Sie keinen Nachwuchs erwarten. Auch von der Zusammenstellung Weiß x Weiß wird abgeraten. Diese Pärchen können keinen gesunden Nachwuchs zur Welt bringen. Die Ursache dafür ist ein »Letalfaktor«. Man kann jedoch weiße Chinchillas, Black und Brown Velvets erfolgreich mit anderen Farbschlägen kreuzen.

Die Brunst

Mit »Brunst« oder »Hitze« bezeichnet man die Paarungsbereitschaft eines Weibchens. Sie tritt zum ersten Mal im Alter von 4 bis 5 Monaten auf. Chinchillaweibchen werden alle 28 bis 35 Tage hitzig, es fallen aber oft Hitzen aus. Die meisten Weibchen werden regelmäßig zwischen Dezember und Februar und im Hochsommer hitzig. Dementsprechend finden die meisten

Doch Mutter ist überall, wo Gefahr für ihr Junges lauern könnte.

Geburten im Mai, Juni und im Oktober statt. Eine Brunst dauert 3 bis 4 Tage. Zu Beginn stößt das Weibchen meist einen »Brunstpfropfen« aus der Scheide aus, das ist ein wachsartiger Pfropfen von 1 cm Länge (→ Zeichnung, Seite 43). Besser zu erkennen ist die Brunst an der zwischen After und Harnröhrenzapfen quer geöffneten Scheide. Wenn das Weibchen nicht hitzig ist, ist die Scheide geschlossen.

Die Paarung

Die Paarung findet meist nachts statt. Manchmal kann man sie auch abends oder in den frühen Morgenstunden beobachten. Zunächst ist das Weibchen abweisend, es wehrt das Männchen ab. Das Böckchen jagt das Weibchen, und so tollen die beiden im Käfig umher. Dann kommt es zur Paarung, bei der das Böckchen von hinten auf das Weibchen steigt. Der Deckakt findet in einer Nacht mehrmals statt. Die beim Herumtollen ausgerissenen Haarbüschel findet man am nächsten Morgen im Käfig. Wenn Sie in der Einstreu den »Deckpfropfen« entdecken, haben Sie einen sicheren Beweis für die erfolgte Paarung.

Die Tragzeit

Die Trächtigkeit dauert etwa 111 Tage. Das ist für eine Nagetierart ungewöhnlich lang – Goldhamster tragen ihre Jungen in 16 bis 18 Tagen aus. Das Chinchillapärchen lebt während dieser Zeit harmonisch miteinander. Sie schlafen eng aneinandergeschmiegt.

Neugeborene Chinchillas genießen nicht nur die liebevolle Fürsorge der Mutter. Sind beide Eltern im Käfig, kümmert sich auch der Vater rührend um die Kleinen und gibt ihnen Schutz und Wärme.

Während der Trächtigkeit braucht das Weibchen besonders viel Ruhe. Unterlassen Sie während dieser Zeit das Abtasten zur Kontrolle der Trächtigkeit. Geben sie ihm frische Pellets, damit es genügend Vitamine bekommt, und sorgen Sie für ausreichend Kalk (→ Seite 32).
In den letzten Wochen der Trächtigkeit schläft das Weibchen oft auf der Seite liegend. Das ist ein erschreckender Anblick, weil das Tier so aussieht, als sei es tot. Aber das ist ein normales Verhalten.

Die Geburt

Die Geburt findet nachts oder frühmorgens statt. Wenn man morgens vor den Käfig tritt und die blutige Schnauze sowie die blutverschmierten Vorderpfötchen des Muttertieres entdeckt, so ist das ein sicheres Zeichen, daß die Geburt beendet ist.
In der Regel treten keine Schwierigkeiten beim Werfen auf. Vorangehende Wehen kündigen die Geburt an, das Weibchen stöhnt, krümmt und streckt sich dabei und gibt Schmerzlaute von sich. Die anstrengende Wehenphase dauert im Normalfall nicht lange, etwa eine halbe Stunde. Das Weibchen zieht anschließend vorsichtig das Junge mit den Zähnen heraus. Bei Mehrlingswürfen (3 bis 4 Jungtiere) kann die Geburt mehrere Stunden dauern. Nach Beendigung der Geburt frißt das Weibchen die fleischähnliche Nachgeburt.
Die Geburt findet in einer Käfigecke oder im Schlafhaus statt. Bei Mehrlingsgeburten bewegt sich das Muttertier im Käfig, die Geburten können an verschiedenen Stellen stattfinden. Die zuerst geborenen Jungtiere folgen der Mutter und schlüpfen wärmesuchend unter ihren Bauch (→ Zeichnung, Praxis-Seite 50).
Hinweis: Wie sich die Jungen entwickeln, finden Sie auf den Praxis-Seiten 50 und 51 beschrieben.

Komplikationen bei der Geburt

Störungen der Geburt treten selten auf, vorausgesetzt, das Weibchen wird dabei nicht von Menschen oder anderen Heimtieren gestört. Manchmal ist aber Ihre Hilfe als »Geburtshelfer« nötig:

- Schwierigkeiten kann es geben, wenn ein Junges zu groß ist und in der Scheide steckenbleibt oder ein Junges bereits im Mutterleib abgestorben ist. Dann geht die Geburt nicht voran. Wenn Sie das bemerken, dann müssen Sie unbedingt einen Tierarzt zu Rate ziehen.
- Bei Mehrlingsgeburten kommt es vor, daß die einzelnen Jungen zu schnell aufeinander folgen. Dann kann ein Junges nicht genügend warmgehalten und trockengeleckt werden, weil die Mutter schon mit dem nächsten beschäftigt ist. Das nasse Junge könnte dann an Unterkühlung sterben. Nehmen Sie das Kleine behutsam heraus und wärmen Sie es in Ihren Händen. Hauchen Sie es an, bis es trocken ist. Sobald es selbständig stehen kann, geben Sie es zur Mutter zurück.
- Manchmal sind die Augen eines Neugeborenen verklebt, es kann sie dann nicht öffnen (Chinchilllas kommen sehend zur Welt!). Tragen Sie etwas Augensalbe auf den Lidspalt auf und ziehen Sie dann die Augenlider vorsichtig auseinander. Geeignet ist zum Beispiel Bepanthen Augensalbe (in der Apotheke erhältlich).

Die Trennung von der Mutter

Nach 6 Wochen braucht ein Chinchillajunges keine Muttermilch mehr. Lassen Sie es nun noch 2 bis 3 Wochen bei der Mutter, damit seine Widerstandskraft gestärkt wird. In großen Käfigen können Sie den Nachwuchs auch noch länger im gemeinsamen Käfig halten. Es ist sehr reizvoll, das friedliche Zusammenleben einer Familie zu beobachten. Trennt man die Jungen im Alter von

6 bis 8 Wochen von der Mutter, müssen Sie bei der Futtermenge für das Jungtier gut aufpassen und sie vorsichtig bemessen. Die Kleinen überfressen sich nämlich leicht an den Pellets und bekommen dann Durchfall (→ Seite 35). Deshalb füttere ich etwa bis zum 5. oder 6. Monat die Jungtiere früh und abends folgendermaßen:
Zunächst für jeden eine Handvoll Heu, wenn sie davon die erste Gier gestillt haben, jeweils 1/2 Teelöffel, mit zunehmendem Alter bis 1 ganzen gehäuften Teelöffel Pellets.
Hinweis: Wenn Sie ein Jungtier weitergeben, machen Sie den Käufer auf diesen »Überfressensaspekt« aufmerksam, und denken Sie auch selbst daran, wenn Sie ein junges Chinchilla, das ja meistens im Alter von 1 1/2 bis 5 Monaten angeboten wird, kaufen (→ Fütterungsregeln, Seite 34).

Mutationen – Farbvariationen

Neben dem wildfarbenen Chinchilla gibt es eine Vielzahl von Farbvariationen. Die Wildfarbe wird vom Pelztierzüchter »Standard« genannt. Die Fellfärbung beim Standard reicht von einem hellen Grau bis zu einem dunklen, fast anthrazitfarbenen Grau. Die Körperunterseite ist aufgehellt, sie kann sehr kontrastreich sein und fast bis ins Weiße gehen.
Seit den fünfziger Jahren sind in der Chinchilla-Pelztierzucht weltweit immer wieder neue Farben aufgetreten:

- Weiße gehörten zu den ersten Sensationen: Albinos (weiße Tiere mit roten Augen), weiße mit dunklen Haarspitzen, ähnlich den Chinchilla-Perserkatzen.
- Silberne: Insgesamt noch dunkler als Chinchilla-Perserkatzen, weißer Felluntergrund mit schwärzlichen Haarspitzen – ähnlich den Perserkatzen Silver Shaded. Bei den Silbernen treten Scheckungen auf.

Bei der Paarung steigt das Männchen von hinten auf das Weibchen.

- Schwarze Black Velvets – schwarzer Samt, mit hellerer Unterseite.
- Beige: In verschiedenen Schattierungen wie creme, sandfarben.
- Braune: Einfarbig braun.
- Brown Velvets: Dunkelviolett-braune Oberseite und hellere Unterseite, ähnlich dem Black Velvet.

Wie all diese Farben gezüchtet werden, das heißt die Vererbung dieser Farben, ist ein Spezialwissen, das für den Halter eines Einzeltieres oder den Hobbyzüchter, der nur in kleinerem Rahmen züchtet, von nebensächlicher Bedeutung ist. Wer sich über die Farbvariationen ausführlich informieren will, kann in der Spezialliteratur (→ Bücher, die weiterhelfen, Seite 63) nachlesen.
Um Enttäuschungen zu vermeiden, sollte man jedoch wissen, daß man bei bestimmten Farbkombinationen keinen Nachwuchs erwarten kann. Bei einem Paar Black Velvets oder einem Paar Brown Velvets bekommt man keine Nachzucht (→ Der Letalfaktor, Seite 44). Man kann jedoch diese Velvets mit anderen Farben erfolgreich kreuzen.

Chinchillas ernähren sich auch in ihrer südamerikanischen Heimat von Früchten. Leider ist das Angebot in den kargen Gebieten, die sie bewohnen, dürftig. Beispielsweise sind die wohlschmeckenden Guillaves, die Früchte einer Kakteenart, sehr begehrte Leckerbissen. Oft können die Chinchillas den Zeitpunkt nicht erwarten, bis die reifen Früchte zu Boden fallen. Sie nagen den Kaktus von außen an den Wurzeln an und gelangen so in sein inneres Röhrensystem. Dann klettern sie innen hoch und nagen in verschiedenen Höhen Fenster durch den Stamm und dessen Rinde, um an die Früchte zu kommen.

PRAXIS
Jungenentwicklung

Chinchillas sind »Nestflüchter«: Sie kommen voll entwickelt, selbständig, behaart und sehend auf die Welt. Ihr Gewicht beträgt bei der Geburt zwischen 30 und 55 Gramm, im Schnitt liegt es bei 40 Gramm.

Die ersten Stunden
Zeichnung 1
Unmittelbar nach der Geburt schlüpft das noch nasse Neugeborene unter den Bauch der Mutter und trocknet in kurzer Zeit durch die Wärme und das Trockenlecken der Mutter. Schon bald läßt das Junge ein leises Fiepen – eine Art Kontaktlaut – vernehmen. Durch sanftes Beißen im Nackenbereich weckt die Mutter die »Lebensgeister« des Neugeborenen. Das Junge reagiert darauf mit einem etwas lauteren Quieken. Möglicherweise prüft die Mutter mit diesem »Nackenbiß«, ob ihr Junges gesund und lebensfähig ist. Dieses von mir als »Tu-mir-nichts-Laut« bezeichnete Quieken behalten die Jungen monatelang während des Heranwachsens bei. Er wird immer benutzt, wenn das Junge von den Erwachsenen eingeengt, getreten oder ans Gitter gedrängt wird. Beim Einfangen stößt es ihn aus und auch beim Gedränge am Futternapf, manchmal auch schon, wenn das Junge von sich aus sich durch einen engen Spalt, zum Beispiel zwischen Gitter und Schlafkasten, zwängt. Dieses hohe Quietschen teilt dem Erwachsenen bei Annäherung mit, daß sein Gegenüber ein harmloses Jungtier ist. Einige Male konnte ich feststellen, daß die Jungtiere, die anscheinend grundlos häufig diesen Laut benutzen, bei jeder kleinsten Einengung im Käfig nämlich, später besonders schreckhafte und nervöse Chinchillas wurden.
Hinweis: Kurz nach der Geburt wird das Weibchen sofort wieder gedeckt. Wenn Sie das verhindern wollen, müssen Sie das Männchen aus dem gemeinsamen Käfig nehmen.

1 *Vorsichtig zieht die Chinchillamutter ihr Junges mit den Zähnen heraus. Das noch nasse Neugeborene schlüpft direkt nach der Geburt unter den Bauch der Mutter.*

2 *Diese beiden Chinchillababys sind etwa 7 Tage alt.*

Die ersten Tage
Zeichnung 2
Diese beiden Chinchillas sind etwa 7 Tage alt. Sie klettern bereits am Käfiggitter empor, hüpfen auf niedrige Hindernisse und die unteren Sitzbretter im Käfig. Wenn die Elterntiere zahm und zutraulich sind, dann nehmen Sie das Junge öfter einmal in Ihre Hände, so wird es schnell mit Ihnen vertraut. Aber Vorsicht, das Kleine ist quicklebendig und springt schnell aus der Hand. Schließen Sie beide Hände behutsam um das Tier und halten Sie es in dieser Höhlung. Sprechen Sie dabei leise mit ihm.

Die Ernährung der Neugeborenen

Schon in den ersten Lebenstagen knabbert das Neugeborene an Heuhalmen und bald auch an Pellets. Neben der Muttermilch nimmt es also ganz selbstverständlich feste Nahrung zu sich. Der Übergang von der Muttermilch zu fester Nahrung ist fließend. So können sich Magen und Darm der kleinen Chinchillas allmählich an die schwerer verdaulichen Nahrungsbestandteile gewöhnen. Nach 3 Wochen hat das Jungtier sein Geburtsgewicht verdoppelt. In den ersten 6 Wochen brauchen Sie auf die Fütterung des Nachwuchses nicht zu achten. Die Jungen fressen vom Futter der Mutter, und zwar so viel, wie sie brauchen. Geben Sie der Mutter daher täglich ein wenig mehr Heu und Pellets als gewöhnlich.

Mutterlose Jungtiere aufziehen

Wenn die Mutter stirbt, müssen Sie schnell eine Ersatzmutter, eine »Amme«, suchen. Geeignet ist ein Muttertier mit nur einem Jungen im gleichen Alter wie Ihr Nachwuchs. Finden Sie keine Ersatzmutter, können Sie versuchen, die Neugeborenen selbst zu ernähren. Manchmal gelingt das. Besorgen Sie sich Aufzuchtmilch für Hunde oder Katzen aus dem Zoofachgeschäft.

Hinweis: Den Neugeborenen fehlt die Wärme der Mutter. Setzen Sie sie in einen Holzkasten mit Heu und stellen Sie den Kasten in die Nähe einer Heizung. Temperaturen von 20 bis 22 °C sind für die Kleinen notwendig, damit sie nicht an Unterkühlung sterben.

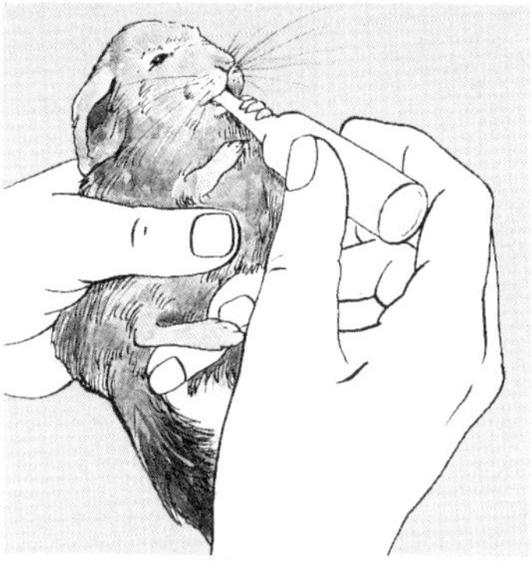

3 | Die Aufzucht mit der Pipette erfordert Fingerspitzengefühl.

Zeichnung 3

Neugeborene müssen alle 2 Stunden mit jeweils frisch angerührter warmer Aufzuchtmilch gefüttert werden. Nehmen Sie dazu das Junge in die Hand und träufeln Sie ihm mit Hilfe einer Pipette die Milch ein. Achten Sie darauf, daß sich das Junge nicht verschluckt und Milch in die Lungen bekommt. Das wäre tödlich für das Jungtier. Massieren Sie ihm nach der Fütterung mit einem Finger leicht den Bauch, damit die Verdauung angeregt wird.
Geben Sie etwa ab dem 4. Lebenstag zusätzlich kleine Mengen Heu und Pellets (→ Ernährung, Seite 31).

Zeichnung 4

Ab der zweiten Lebenswoche wird die Aufzuchtmilch nur noch alle 3 Stunden gegeben. Sie brauchen dazu das Junge nicht mehr in die Hand zu nehmen. Es sitzt nun selbständig vor Ihnen und nuckelt an der Aufzuchtflasche (im Zoofachhandel erhältlich). Zusätzlich kleine Mengen Heu und Pellets reichen (→ Fütterungsregeln, Seite 34). Aufzuchtmilch brauchen Jungtiere bis zum Alter von 5 bis 6 Wochen, im Laufe dieser Wochen täglich immer weniger.

Zufütterung bei großen Würfen

Bei Geburten mit 3 oder 4 Jungen reicht die Muttermilch oft nicht für alle Jungen aus. Dann müssen Sie die Mutter entlasten, weil ihr sonst die Kleinen im Kampf um die Muttermilch die Zitzen zerbeißen. Mischen Sie Dosenmilch (7,5% Fettgehalt) mit heißem Trinkwasser im Verhältnis 1:1. Diese körperwarme Zusatzmilch füllen Sie in eine Aufzuchtflasche. Neugeborene nehmen Sie in eine Hand und füttern sie mit der anderen (→ Zeichnung 3). Größeren Jungtieren halten Sie die Flasche einfach hin, sie nuckeln von alleine daran (→ Zeichnung 4).

4 | Größere Jungtiere nuckeln im Sitzen an der Aufzuchtflasche.

Chinchillas verstehen lernen

Ein Chinchilla kann Stimmungen durch bestimmte Verhaltensweisen und durch Laute ausdrücken. Wenn Sie Ihr Chinchilla aufmerksam beobachten, werden Sie bald sein Verhalten richtig deuten können. Damit ist die Basis für ein vertrautes Verhältnis zwischen Ihnen und Ihrem Heimtier geschaffen.

Der Schlüssel zum besseren Verstehen

Wenn Sie Ihr Chinchilla genau beobachten, werden Sie feststellen, daß es in bestimmten Situationen immer wieder die gleichen Verhaltensweisen zeigt. Der Schlüssel zu einem liebevollen, vertrauten Verhältnis zwischen Ihnen und Ihrem ungewöhnlichen Heimtier liegt in der richtigen Deutung seiner Verhaltensweisen. Damit dies gelingt, ist es zunächst wichtig, das Leben eines Chinchillas in freier Natur kennenzulernen, denn die Lebensbedingungen prägen oft das Verhalten.

Die Heimat der Chinchillas

Chinchillas sind in Südamerika zu Haus. Sie leben in den felsigen Höhen der Anden bis in 5000 m Höhe in den Staaten Peru, Bolivien, Chile und Argentinien. Natürliche Felsspalten und Höhlen in unwirtlichen, für den Menschen fast unzugänglichen, dornenreichen, kargen Gebieten mit geringer Luftfeuchtigkeit und starken Temperaturschwankungen zwischen Tag und Nacht sind ihr Lebensbereich – fernab von Wasserstellen und oft bei monatelanger Trockenheit. Zur Deckung ihres Flüssigkeitsbedarfs sind die Tiere auf den morgendlichen Tau auf den Gräsern und auf wasserhaltige Kakteenarten und deren Früchte angewiesen.
Der dichte, weiche Pelz schützt nicht nur vor Hitze- und Kälteeinwirkung, sondern ist auch ein guter Verdunstungsschutz.

<u>Lebensweise:</u> Die Chinchillas sind dämmerungs- und nachtaktiv, das heißt, sie sind um diese Zeit fast ständig in Bewegung und mit der Nahrungssuche beschäftigt. Wenn die Morgensonne hervorkommt, suchen sie ihre unterirdischen Wohnstätten auf und bleiben versteckt, bis die Sonne hinter den Bergkämmen versinkt. Über die Lebensweise der Chinchillas gibt es in der Literatur meines Wissens keine aktuellen Berichte. Es lohnt sich aber wiederzugeben, was Alfred Edmund Brehm in seinem »Illustrirten Thierleben« 1864 über die damals noch fast unbekannten Chinchillas in sehr bildhafter Weise schreibt.
<u>A.E. Brehm über Chinchillas:</u>
»Der Reisende, welcher von der westlichen Küste Südamerikas die Cordilleren emporklimmt, gewahrt, wenn er einmal eine Höhe von acht- bis elftausend Fuß erreicht hat, oft meilenweit alle Felsen von dieser Chinchilla … bedeckt. In Peru, Bolivia und Chile müssen die Thiere überaus häufig sein; denn wir erfahren von Reisenden, daß sie während eines Tages an Tausenden vorübergezogen sind … Gerade an den scheinbar ganz kahlen Felswänden treiben sie sich umher, ungemein schnell und lebhaft sich bewegend. Mit überraschender Leichtigkeit klettern sie an den Wänden hin und her, welche scheinbar gar keinen Ansatz bieten. Sie steigen 20 bis 30 Fuß senkrecht empor mit einer Gewandtheit und Schnelligkeit, daß man ihnen mit dem Auge kaum folgen kann … Eine Felswand, welche mit Hunderten bedeckt ist, erscheint in derselben

Die Hagebutten locken das Chinchilla aus seinem Schlafhäuschen.

Minute todt und leer, in welcher man einen Schuß gegen sie abfeuert ... Manchmal kommt es vor, daß der Reisende, welcher, ohne den Thieren Etwas zu Leide zu thun, oben in jenen Höhen Rast hält, geradezu umlagert wird von unseren Felsbewohnern. Das ganze Gestein wird nach und nach lebendig; aus jeder Ritze, aus jeder Spalte lugt ein Kopf hervor. Die neugierigsten und vertrauendsten Chinchillas wagen sich wohl auch noch näher herbei und laufen schließlich ungescheut unter den Beinen der weidenden Maultiere herum. Alle Beobachter stimmen in der Angabe überein, daß dieses Thier es meisterhaft verstehe, auch die ödeste und traurigste Gebirgsgegend zu beleben, und somit dem Menschen, der einsam und verlassen dort oben dahinzieht, Unterhaltung und Erheiterung zu bieten.«

Die Familie und die Gruppe

Reisende haben im letzten Jahrhundert große Ansammlungen von Chinchillas angetroffen. Es ist also anzunehmen, daß Chinchillas in ihrer natürlichen Umgebung in großen Kolonien leben. Diese Kolonien dürften sich aus vielen Familiengruppen zusammensetzen. In Grzimeks Tierleben (→ Bücher, die weiterhelfen, Seite 63) wird berichtet, daß Chinchillas eine Einehe führen. Das scheint mir nur so lange glaubhaft, als keine geschlechtsreifen weiblichen Nachkommen da sind. Meiner Beobachtung nach werden die Töchter von den Müttern nicht vertrieben. Es scheint keine Konflikte zu geben, wenn genügend Raum für das Zusammenleben vorhanden ist. Für wahrscheinlich halte ich die Vertreibung der geschlechtsreif werdenden männlichen Nachkommen durch den Vater.

Ein Chinchilla braucht regelmäßig frische Äste zum Benagen, damit seine ständig nachwachsenden Nagezähne nicht zu lang werden.

Die Wohnung

Als Schlupfwinkel benutzen die Chinchillas natürliche Spalten im Felsgestein, sie graben ihre Höhlen nicht selbst. Es ist beobachtet worden, daß sie ihre Unterschlüpfe mit anderen Nagetieren, zum Beispiel der Chinchillaratte, teilen. Die von diesen anderen Mitbewohnern angelegten Gänge und Höhlen werden dann gemeinsam bewohnt. Das Innere der Höhlen ist sehr trocken und sauber. Der Eingang liegt meistens tiefer, so daß keine Nässe eindringen kann. In der Nähe des Eingangs befindet sich eine Art Abort, der gemeinsame Kotabsatzplatz für die Höhlenbewohner.

Die natürlichen Feinde

Als natürliche Feinde kommen der Adler in der Dämmerungszeit und vor allem die des Nachts geräuschlos fliegende Eule in Frage. Außerdem werden Chinchillas natürlicherweise vom Fuchs und gelegentlich vom Stinkmarder bejagt. Wie man sieht, sind die natürlichen Feinde des Chinchillas in seiner heimatlichen Umgebung nicht sehr zahlreich.

Der Mensch als Bedrohung

Der gefährlichste Feind der Chinchillas ist der Mensch. Die geringe Bejagung durch die einheimischen Indios konnte die Chinchillas in ihrem Bestand nicht gefährden. Infolge der Kolonialisierung durch die Spanier und durch die erhöhte Nachfrage nach den Chinchilla-Fellen änderte sich diese Situation. Jäger und Bergleute verdrängten die anfangs eher arglos-neugierigen Tierchen in immer unzugänglichere höhere Andenregionen. Die Bejagung mit Roßhaarschlingen und Steinschlagfallen hat fast zur Ausrottung der Chinchillas geführt.
Zu Beginn dieses Jahrhunderts wurde die Nachfrage nach Chinchillafellen so groß, daß zum Beispiel 1905 aus dem chilenischen Hafen Coquimbo allein

216 000 Felle ausgeführt wurden. Vier Jahre später waren die Tiere durch die Bejagung so selten geworden, daß aus dem gleichen Hafen nur noch 27 000 Felle verschifft werden konnten. Die südamerikanischen Regierungen verhängten deshalb 1918 eine Ausfuhrsperre, die jedoch die Chinchillas in den meisten Ursprungsgebieten nicht mehr vor dem Aussterben bewahren konnte. Wie viele Chinchillas heute noch in Südamerika leben, weiß man nicht. Sie stehen im Anhang I des Washingtoner Artenschutz-Übereinkommens, einem internationalen Abkommen zum Schutze gefährdeter und von Aussterben bedrohter Tier- und Pflanzenarten. Das bedeutet, jeglicher Handel mit wildlebenden Chinchillas ist verboten. Für den Heimtierhalter haben diese Schutzmaßnahmen keine Bedeutung, denn alle im Zoofachhandel oder von Züchtern angebotenen Chinchillas stammen aus Nachzuchten, mit denen ohne Probleme gehandelt werden darf.

Wiederansiedlung: In den letzten Jahren wurde von Artenschützern und Zoologen sogar versucht, Chinchillas in ihrer südamerikanischen Andenheimat wieder anzusiedeln. Es wurden wildfarbene Tiere (Standards), Nachkommen aus Pelztierzuchten, in besonders geeigneten abgelegenen Gebieten ausgesetzt – ein hoffentlich erfolgreicher Versuch, Fehler der Vergangenheit wieder gutzumachen.

Beim Hochnehmen fassen Sie das Chinchilla mit einer Hand vorsichtig am Schwanzansatz, mit der anderen Hand unter dem Bauch. So können Sie das Tier auf den Arm heben, ohne ihm weh zu tun.

Die Sinneswahrnehmungen der Chinchillas

Exakte wissenschaftliche Angaben dazu habe ich nicht auffinden können. Aus meinen Beobachtungen und meiner Einfühlung in die Biologie dieser Tierart möchte ich folgende Schlüsse ziehen:

Hören: Mir scheint der Gehörsinn der Chinchillas sehr ausgeprägt zu sein. Dabei darf man sich nicht dadurch täuschen lassen, daß richtig gehaltene Chinchillas in ihrer Tages-Schlafphase »abschalten« und auf gewohnte – auch lautere – Geräusche nicht reagieren. Durch ungewohnte, auch leisere Geräusche lassen sie sich im Schlaf stören. Sie werden wach oder reagieren mit Warnschrei.

Sehen: Wie fast alle dämmerungs- und nachtaktiven Tiere haben Chinchillas besonders große Augen. Mit ihnen können sie auch in der Dämmerung und in der Dunkelheit etwas sehen. Aber ich habe den Eindruck, daß sie sich auf ihr

Der Sprung über den Futternapf!

Einträchtig wird aus einem Napf gespeist.

Sehvermögen nicht besonders gut verlassen können. Bei Sprüngen von 40 bis 50 cm Entfernung bewegen sie sich sehr gekonnt. Doch wagen sie auch Sprünge aus Höhen, die ihnen schaden könnten. Chinchillas sind nach meiner Erfahrung vorsichtige Tiere, man kann sie, außer wenn sie in Panik geraten, nicht als waghalsig bezeichnen. Daher nehme ich an, daß sie bei Sprüngen aus zu großer Höhe die Entfernung nicht mehr abschätzen können. Das muß man als Heimtierhalter berücksichtigen und zum Beispiel Sprüngen vom Arm auf den Fußboden vorbeugen.

Tasten: Das Chinchilla hat Tasthaare an der Schnauze, einen »Schnurrbart« wie eine Katze.

Diese Tasthaare sind zur Orientierung ständig in Bewegung. Mit ihrer Hilfe findet sich das Chinchilla auch bei Dunkelheit zurecht.

Riechen und Schmecken: Über die Ausgeprägtheit des Geruchssinnes kann ich wenig aussagen. Chinchillas können ihre eigenen Jungtiere von fremden am Geruch unterscheiden. Angebotene neue Nahrung wird zunächst beschnuppert.

Anschließend entscheidet jedoch der Geschmack über die Eßbarkeit. Ein Probebiß und die Nahrung wird fallengelassen, wenn sie nicht schmackhaft erscheint. Schmeckt die Nahrung, wird weitergefressen.

Daß Chinchillas »schleckert« (vernascht) sind, habe ich bereits mehrfach erwähnt. Der Geschmackssinn der Chinchillas ist allerdings abweichend vom menschlichen. Professor Kraft (→ Bücher, die weiterhelfen, Seite 63) beschreibt, daß auch die bitter schmeckenden Tabletten oft freiwillig genommen werden. Das sollte man bei einer notwendigen Medikamentenverabreichung berücksichtigen (→ Was tun, wenn das Chinchilla krank wird? Seite 35) und erst einmal versuchen, ob das Chinchilla die Medizin von sich aus nimmt.

Neugierig richtet sich das Chinchilla auf, um zu sehen, was los ist.

Ein Chinchilla zu beobachten ist das reinste Vergnügen. Das possierliche Nagetier bezaubert jeden Tierfreund, wenn es hüpfend durch das Zimmer springt und dabei jeden Gegenstand neugierig erforscht.

Ein Chinchilla ist in der Lage, durch Körper- oder Lautsprache mitzuteilen, in welcher Stimmung es sich gerade befindet. Wenn Sie seine Verhaltensweisen richtig deuten können, wird das mit Sicherheit zu einem vertrauten Verhältnis zwischen Ihnen und Ihrem Heimtier beitragen.

1 | *Wenn es Angst hat, kauert das Chinchilla in einer Käfigecke.*

Angst
Zeichnung 1
Hat das Chinchilla Angst, dann kauert es zurückgezogen in einer Ecke. Kommt es zu Auseinandersetzungen mit Artgenossen oder Feinden, ist es für das Chinchilla von Vorteil, daß sein Haar sehr locker sitzt. Diese Eigenschaft rettet das Tier in der Natur oft vor dem tödlichen Zupacken des Beutegreifers. Und wenn Sie es beim Einfangen mal nicht richtig erwischen, dann halten Sie nur ein Haarbüschel in der Hand. Möglicherweise hat dies mit dem Phänomen der »Schreckmauser« zu tun.

Hüpfen und Springen
Ein zahmes Chinchilla bezaubert durch seine Unbefangenheit und Neugierde.
Ein neuer Lebensraum oder ein neues Möbelstück wird sogleich hüpfend erforscht und beschnuppert.
Chinchillas sind sehr lebhafte Tiere, jedoch wirken sie wegen ihrer hüpfenden Fortbewegungsart etwas verhalten. Wie Känguruhs springen sie mit den kräftigen Hinterbeinen. Nur bei langsamer Fortbewegung werden die kurzen unterentwickelten Vorderbeine auch benutzt.
Beim Springen dient der Schwanz als »Steuerruder«, nach hinten ausgestreckt hält er das Chinchilla in der Luft im Gleichgewicht.

2 | *»Männchen machen« bedeutet immer erhöhte Aufmerksamkeit.*

Männchen machen
Zeichnung 2
Dieses Verhalten deutet immer auf erhöhte Aufmerksamkeit. Entweder wittert das Chinchilla Gefahr oder aber es ist neugierig und versucht durch das Aufrichten an etwas heranzukommen.

Kontaktaufnahme
Zeichnung 3
Ein fremder Artgenosse wird erst einmal beschnuppert. Wenn die Tiere sich vertragen, hocken sie bald nebeneinander auf einem Sitzbrett. Ein unwillkommender Neuling wird angegriffen und durch den Käfig gejagt – oder mit Urinspritzen (→ Zeichnung 4) verscheucht.

Abwehr
Zeichnung 4
Mit Urinspritzen reagieren Chinchillas auf Artgenossen oder auch auf Menschen, wenn sie sie abwehren wollen. Will man ein nicht sehr zutrauliches Tier aus dem Käfig fangen, dann richtet es sich, in die Enge getrieben kerzengerade auf den Hinterbeinen auf und spritzt der bedrohlichen Hand Urin entgegen. Beugt man sich beim Einfangen in den Käfig, bekommt man solch eine Urinladung schon einmal ins Gesicht.

Nahrungsaufnahme
Zeichnung 5
Die Vorderpfoten sind sehr geschickte »Hände«. Mit ihnen nehmen Chinchillas Nahrung auf und führen sie zum »Mund«. Pellets und Heuhalme werden meist in eine Pfote genommen und gefressen – das sieht unglaublich menschlich aus! Größe-

3 | *Fremde Artgenossen werden zuerst einmal beschnuppert, bevor sie für »akzeptabel« oder »unzumutbar« befunden werden.*

re Stücke werden zum Fressen in beiden Pfoten gehalten.
Fressende Chinchillas sind ein entzückender Anblick: Sie sitzen auf den Hinterbeinen, haben den Oberkörper aufgerichtet, halten die Nahrung in den Vorderpfoten, beißen ab und kauen mit sichtlichem Wohlbehagen.

4 | *»Komm mir nicht zu nahe« drückt diese Haltung aus.*

Der Probebiß
Jeder für das Chinchilla neue Gegenstand wird sofort auf Eßbarkeit geprüft. Nach einem ersten Probebiß wird er fallengelassen oder aufgefressen. Darum müssen Sie beim Auslauf immer ein Auge auf das Tier haben. Steckt man einen Finger durch das Käfiggitter, dann erfolgt auch prompt der mehr oder weniger sanfte Probebiß – es könnte ja etwas Eßbares sein. Dieses prüfende Beißen hat nichts mit Bissigkeit zu tun, für den Menschen ist es aber unangenehm.

Die Lautsprache der Chinchillas
Der Kontaktlaut: Die neugeborenen Chinchillas sind »gesprächiger« als die erwachsenen Tiere. Hat in der Nacht eine Geburt stattgefunden, höre ich beim Betreten meines Chinchillaraumes am Morgen sofort das feine leise Fiepen der Chinchillajungen. Für unerfahrene Chinchillahalter ist dieser leise Kontaktlaut kaum wahrnehmbar. Deutlicher ist dann schon der Antwortlaut auf die »Belebungsbisse« der Mutter. Aus diesem deutlichen Quietschen entwickelt sich der von mir so bezeichnete Tu-mir-nichts-Laut der Jungen (→ Seite 50).
Der Abwehrlaut: Unmutsäußerungen gegenüber dem Partner, dem Käfignachbarn oder der entgegengestreckten Hand können sich in einem Abwehrlaut äußern, der kurz und fast bellend ist.
Der Warnschrei: Auf ungewohnte Geräusche etwa reagieren Chinchillas mit einem lauten schrillen Warnschrei – einer Art Pfeifen. Dieser Schrei weckt die ganze Zuchtgruppe und kann einen gewissen Aufruhr hervorrufen. Spricht man als vertrauter Mensch mit leiser ruhiger Stimme mit ihnen, legt sich die Aufregung aber schnell wieder.

5 | *Um Nahrung aufzunehmen, werden die Vorderpfoten wie Hände benutzt.*

Der Locklaut: Ein Chinchillapärchen verständigt sich oft mit einem Lock- und Kontaktlaut. Dieses leise hohe Grunzen von beiden Tieren bestätigt ihre Zusammengehörigkeit.

Sachregister

Die **halbfett** gesetzten Seitenzahlen verweisen auf Farbfotos und Zeichnungen. U = Umschlagseite.

Grüne Einrichtungs-Ideen. Von GU.

Kleiner Baum ganz groß: Wie die dekorativen Minis perfekt gepflegt und künstlerisch gestaltet werden.
Jochen Pfisterer
64 S., 130 Farbf. 14,80 DM.

Eindrucksvolle Blumen-Kunstwerke selbst gestalten – vom romantischen Biedermeier-Bukett zum flippigen Mode-Strauß.
W. Koristka
64 S., mit vielen Farbf.
16,80 DM.

Kreatives Gestalten mit dem Blütenreigen der Jahreszeiten. Super: Schritt-für-Schritt-Fotos, genaue Materialangaben.
Wolfgang Koristka
64 S., 70 Farbf. 16,80 DM.

Der Schlüssel zum Erfolg beim Zimmergärtnern: umfassendes und leicht verständliches Know-how rund um die Pflanzenliebhaberei!
H. Heitz.
240 S., 350 Farbf., 140 Zeichng.
39,80 DM.

Der große GU Bild-Ratgeber:
Portraits und Pflegeanleitungen beliebter und ganz aktueller Balkonblumen und Kübelpflanzen.
Mit tollen Gestaltungs-Ideen.
H. Heitz. 240 S., 350 Farbf. 39,80 DM.

Mehr draus machen. Mit GU.

GU GRÄFE UND UNZER

Adressen, die weiterhelfen

Fragen zur Tierhaltung beantwortet:
Ihr Zoofachhändler
Zentralverband Zoologischer Fachbetriebe Deutschlands e.V.
Postfach 1420,
6070 Langen,
Telefon (0 61 03) 2 30 95

Bücher und Zeitschriften, die weiterhelfen

Bücher

Bickel, E.: *Südamerikanische Chinchillas – wie man sie hält und züchtet.* Albrecht Philler Verlag, Minden.

Brehm, A. E.: *Illustriertes Thierleben. Eine allgemeine Kunde des Tierreichs.* 2. Band. Hildburghausen, 1865.

Eibl-Eibesfeldt Irenäus: *Grundriß vergleichender Verhaltensforschung.* Piper, München.

Eckhardt, M.-R.: *Das große Handbuch der Chinchillazucht.* Hiltenberg/Main.

Grzimek, B.: *Grzimeks Tierleben, Enzyklopädie des Tierreichs.* Band 11. Kindler Verlag, Zürich, 1969.

Hediger, H.: *Tiere verstehen – Erkenntnisse eines Tierpsychologen.* Kindler, München.

Isenbügel, E./Frank, W.: *Heimtierkrankheiten.* Verlag Eugen Ulmer, Stuttgart.

Kraft, H.: *Krankheiten der Chinchillas.* Albrecht Philler Verlag, Minden.

Krug, S.: *Systematik, Naturgeschichte, Haltung, Jugendentwicklung und Möglichkeiten der Altersbestimmung beim Chinchilla.* Diss. med. vet. Gießen, 1983.

Lorenz, Konrad: *Vergleichende Verhaltensforschung.* Springer, Wien.

Mösslacher, E.: *Die Chinchillazucht für jeden verständlich gemacht.* Albrecht Philler Verlag, Minden.

Schreiber, G.: *Zuchtverfahren und Vermehrung.* Albrecht Philler Verlag, Minden.

Zeitschriften

Chinchilla-Post. Albrecht Philler Verlag, Postfach 2860, 4950 Minden,

Das Tier. Hallwag-Verlag, Nordring 4, CH-3001 Bern, Schweiz

Die Autorin

Maike Röder-Thiede ist praktizierende Tierärztin. Sie hält und züchtet seit vielen Jahren Chinchillas als Heimtiere.

Die Fotografen

Monika Wegler: U2, S. 12, 53
Karin Skogstad: alle übrigen Fotos.

Wichtige Hinweise:
In diesem Buch geht es um die Haltung und Pflege von Chinchillas als Heimtiere. Im Umgang mit diesen Tieren kann es zu Verletzungen durch Kratzen oder Beißen kommen. Lassen Sie solche Verletzungen sofort vom Arzt versorgen.
Durch unsaubere Haltung können Chinchillas von Hautpilzen befallen werden, die auf Menschen und andere Heimtiere übertragbar sind (→ Seite 37). Lassen Sie erkrankte Tiere sofort vom Tierarzt behandeln und gehen Sie selbst beim geringsten Verdacht zum Arzt. Achten Sie beim Kauf der Tiere unbedingt auf die Anzeichen einer Hautpilzerkrankung (→ Seite 37).
Es gibt Menschen, die allergisch auf Tierhaare reagieren. Fragen Sie im Zweifelsfall vor der Anschaffung Ihren Arzt.
Chinchillas sind Nagetiere, die beim (notwendigen regelmäßigen) Auslauf in der Wohnung unbedingt beaufsichtigt werden müssen. Um lebensgefährliche Stromunfälle zu verhindern, achten Sie vor allem darauf, daß Ihr Chinchilla keine Stromleitungen benagt.

Die Fotos auf dem Buchumschlag:
Umschlagvorderseite: Wildfarbenes Chinchilla.
Umschlagseite 2: Beim Füttern steht das Chinchilla auf seinen kräftigen Hinterbeinen.
Umschlagseite 3: Der Pfirsich erregt die Aufmerksamkeit des Chinchillas.
Umschlagrückseite: Chinchilla beim Sandbad.

Die Deutsche Bibliothek – CIP-Einheitsaufnahme
Röder-Thiede, Maike:
Chinchillas als Heimtiere – richtig pflegen und verstehen: Experten-Rat für die artgerechte Haltung; auch für Jugendliche, die ihr Tier selbst versorgen / Maike Röder-Thiede. Aktualisierte und neugestaltete Ausg., 1. Aufl.- ;
München: Gräfe und Unzer, 1992
(GU-Tier-Ratgeber)
ISBN 3-7742-1082-9

1. Auflage 1992
Aktualisierte und neugestaltete Neuausgabe

Redaktionsleitung: Hans Scherz
Stellvertretende Redaktionsleitung: Renate Weinberger
Redaktion: Gabriele Linke-Grün
Herstellung: Karl Schaumann
Produktion: Johannes Schmidt-Thomé
Umschlaggestaltung: Heinz Kraxenberger
Satz: Typodata GmbH, München
Repro: Gartner
Druck und Bindung: Stürtz
ISBN 3-7742-1082-9